2016年　2016（总第16册）

主管单位：中华人民共和国住房和城乡建设部
　　　　　中华人民共和国教育部
主办单位：全国高等学校建筑学学科专业指导委员会
　　　　　全国高等学校建筑学专业教育评估委员会
　　　　　中国建筑学会
　　　　　中国建筑工业出版社
协办单位：清华大学建筑学院　　　同济大学建筑与城规学院
　　　　　东南大学建筑学院　　　天津大学建筑学院
　　　　　重庆大学建筑城规学院　哈尔滨工业大学建筑学院
　　　　　西安建筑科技大学建筑学院　华南理工大学建筑学院

顾　　问：（以姓氏笔画为序）
　　　　　齐　康　关肇邺　李道增　吴良镛　何镜堂　张祖刚　张锦秋
　　　　　郑时龄　钟训正　彭一刚　鲍家声　戴复东
社　　长：沈元勤
主管副社长：欧阳东

主　　编：仲德崑
执行主编：李　东
主编助理：屠苏南

编辑部
主　　任：李　东
编　　辑：陈海娇
特邀编辑：（以姓氏笔画为序）
　　　　　王　蔚　王方戟　邓智勇　史永高　冯　江　冯　路　李旭佳
　　　　　张　斌　顾红男　郭红雨　黄　瓴　黄　勇　萧红颜　谭刚毅
　　　　　魏泽松　魏皓严
装帧设计：编辑部
平面设计：边　琨
营销编辑：柳　涛
版式制作：北京嘉泰利德公司制版

U0283334

编委会主任：仲德崑　朱文一　赵　琦　咸大庆
编委会委员：（以姓氏笔画为序）
　　　　　丁沃沃　马树新　马清运　王　竹　王伯伟　王建国　王洪礼
　　　　　毛　刚　孔宇航　吕　舟　吕品晶　朱　玲　朱小地　朱文一
　　　　　仲德崑　刘加平　刘　甦　刘　塨　刘克成　庄惟敏　关瑞明
　　　　　孙一民　孙　澄　杜春兰　李子萍　李兴钢　李　早　李岳岩
　　　　　李保峰　李振宇　李晓峰　时　匡　吴长福　吴庆洲　吴志强
　　　　　吴英凡　沈　迪　沈中伟　张　颀　张玉坤　张成龙　张兴国
　　　　　张　利　张　彤　张伶伶　张珊珊　陈　薇　陈伯超　邵韦平
　　　　　范　悦　周　畅　周若祁　单　军　孟建民　赵　辰　赵万民
　　　　　赵红红　饶小军　秦佑国　桂学文　夏铸九　顾大庆　徐　雷
　　　　　徐行川　徐洪澎　凌世德　唐玉恩　黄　耘　黄　薇　曹亮功
　　　　　龚　恺　常　青　常志刚　崔　恺　梅洪元　梁　雪　梁应添
　　　　　韩冬青　覃　力　曾　坚　潘国泰　魏宏杨　魏春雨
海外编委：张永和　赖德霖（美）黄绯斐（德）王才强（新）何晓昕（英）

编　　辑：《中国建筑教育》编辑部
地　　址：北京海淀区三里河路9号　中国建筑工业出版社　邮编：100037
电　　话：010-58337043　　010-58337110
投稿邮箱：2822667140@qq.com
出　　版：中国建筑工业出版社
发　　行：中国建筑工业出版社
法律顾问：唐　玮

CHINA ARCHITECTURAL EDUCATION
Consultants:
Qi Kang　Guan Zhaoye　Li Daozeng　Wu Liangyong　He Jingtang
Zhang Zugang　Zhang Jinqiu　Zheng Shiling　Zhong Xunzheng
Peng Yigang　Bao Jiasheng　Dai Fudong
President:
Shen Yuanqin

Director:
Zhong Dekun　Zhu Wenyi　Zhao Qi　Xian Daqing
Editor-in-Chief:
Zhong Dekun
Editoral Staff:
Chen Haijiao
Deputy Editor-in-Chief:
Li Dong
Sponsor:
China Architecture & Building Press

图书在版编目（CIP）数据

中国建筑教育.2016.总第16册/《中国建筑教育》编辑部编著.—北京:中国建筑工业出版社，2017.5
　ISBN 978-7-112-20726-8

Ⅰ.①中… Ⅱ.①中… Ⅲ.①建筑学—教育研究—中国　Ⅳ.①TU-4

中国版本图书馆CIP数据核字（2017）第095678号

开本：880×1230毫米 1/16　印张：7¼
2017年5月第一版　2017年5月第一次印刷
定价：25.00元
ISBN 978-7-112-20726-8
（30379）

中国建筑工业出版社出版、发行（北京海淀三里河路9号）
各地新华书店、建筑书店经销
北京画中画印刷有限公司印刷

本社网址：http://www.cabp.com.cn　中国建筑书店：http://www.china-building.com.cn
本社淘宝天猫商城：http://zgjzgycbs.tmall.com　博库书城：http://www.bookuu.com
请关注《中国建筑教育》新浪官方微博：@ 中国建筑教育_编辑部
请关注微信公众号：《中国建筑教育》

目 录

EDITORIAL

EDITORIAL NOTES

主编寄语

"建筑设计研究与教学"栏目是《中国建筑教育》的常设栏目，也是投稿方向比较集中的栏目，这充分反映了国内各建筑院校在教学研究上所倾注的改革热情与动力，涌现出许多超越"形体构成＋类型设计"的教学研究与启发渐进式教学方法，使学生真正在个案的设计教学环节获得普遍的对建筑生成方式的深入理解，并从而习得建筑设计与研究的方法。本册选取了三篇这一切入点的文章，虽然专业视角各异，但均展现了十分具体的思考与教学理念推导逻辑。

"风景园林"是建筑类三大学科之一，它的成长因其复杂的出身来源而呈现不同的特点和侧重，学科建树远非一日之功，各校的历史积累和投入力量也有巨大的差异，因此这组文章显出十分多元与异质化的特点。在鼓励各院校不断进行深入学科探索的同时，《中国建筑教育》将持续关注这一后起学科的最新发展动态，并把各院校的教学与研究成果及时推送到读者面前。

"建筑教育笔记"栏目是一线老师在教学中最直接的思考、总结与感悟。这一栏目一直鼓励有价值的思想探索，并希望成为教学改革与新思想的摇篮和发源地。目前来看，埋头耕耘的人多，抬头看路的人少，教育的前瞻性首先要求教育工作者要具有前瞻性的眼光，这是所有认真从事教学工作的人最基本的自我要求，这来自于长期不懈的研究积累和知识想象。

"域外视野"栏目选文两篇，均来自于在国外著名高校有过长期学习或访学经历的学者和教师。两篇文章分别以爱丁堡大学和俄亥俄州立大学为例，介绍了遗产保护和环境设计初步两个课程的教学方法和教学观察，他山之石，可以借用。

最后，在2016年"'清润奖'大学生论文竞赛"的获奖论文中选登了两篇一等奖论文，硕博组与本科组各一篇，各位评委老师的精彩点评依然是重要看点之一，希望今年参赛的学生仔细领悟评委老师及论文指导老师对文章的意见和建议。另外，前两届清润奖大学生论文竞赛点评已经结集为《建筑的历史语境与绿色未来》一书出版（网上可购），仔细研读名家的点评对写好论文大有裨益。预祝今年论文竞赛——"热现象·冷思考"，将有更锐利的视角和更丰富的观点，希望广大在校学生积极参与。切磋琢磨，抑扬去就；金秋收获，为时不远。

执行主编 李东

2017 年 4 月

"场所透明"

——东南大学研究生教学组的在地性设计策略实验

寿焘　厉鸿凯

"Place Transparency":The Approach to the Local Design Strategy of Post-graduate Studio at Southeast University

■摘要：本文自位于美国费城 Walnut 街区两栋玻璃新建筑不同的街区性策略探讨开始，提出"场所透明"的概念，以东南大学建筑学院研究生教学组近年来三项国内建筑竞赛课题获奖成果为研究依托，针对城市遗产、乡村社区以及自然遗迹这三类典型"后城市化"时期公共文化场地所出现的问题，以"遗产触媒"、"乡土建构"以及"地形拓展"三种机制，将传统"透明性"理论延伸至整个"建筑在地系统"，在当下如火如荼的"后城市化"及"新乡建"时期寻求在地性设计操作逻辑。

■关键词：场所透明　建筑在地性　城市遗产　乡土建构　地形　织补逻辑

Abstract：From the arguments in placeness of two new glass buildings in the same Walnut Street in Philadelphia, USA, this essay put forward the conception called "Place transparency". Then, based on the recent achievements in architectural competitions of post-graduate studio of SEU, the research focused on the problems of lost vitality in three kinds of typical sites called urban cultural legacy, rural community center and natural heritage, and used three different methods named "Legacy accelerant", "Vernacular tectonics" and "Topographical extension" respectively as one kind of place transparent mode via extending the traditional theory of "transparency" to the whole "Architectural local system", creating one kind of refabricating strategy to break the boundaries of single buildings. The aim was to provide one type of enlightenment in architectural local design during the radical movements including the so called "Post-Urbanization" and "New Vernacular-Construction".

Key words：Place Transparency；Architectural Locality；Urban Legacy；Vernacular Tectonics；Topography；Refabricating Logic

1. "透明"逻辑中的"在地性"启示

建筑理论与实践的发展与跨越始终伴随着互相抵抗与相互促进，无论是先于理论的所谓"非正统建筑"的诞生，还是当代影响建筑设计的众多理论概念与术语的转换，它们从来都不只用来探讨建筑本体，更牵扯到文化历史、自然环境以及经济技术等社会历史发展的层面，并且，始终是开放的，承纳时间的印记与建筑历史发展的再生可能。

1960年代，柯林·罗（Colin Rowe）从西方近现代绘画中读解出一种可用于探析建筑内部空间特性及规划布局原则的设计概念——"透明性"（Transparency），随后，他以此为核心理念，探究了一部分近现代建筑大师作品与规划经典案例，用来说明一种现象学层面的建筑空间组织逻辑的隐性存在秩序。在紧接着名为"透明性——设计的手段"这一篇中，柯林·罗显然已力不从心，虽然有众多案例的堆叠，但他已无法明确地指明"透明性"的具体类型与层级关系。50多年后的今天，物质世界早已不再如柯林·罗所研究的1960年代，建筑生成和经验技术都发生了质的改变，那种以往现象层面的"透明性"也已越来越深入至直面场所问题和社会矛盾的当代语境之中。

近期，由桢文彦（Fumihiko Maki）设计的安纳博格公共政策研究中心（Annenberg Public Policy Center）和玛琳·维斯（Marion Weiss）设计的纳米技术研究中心（Krishna P.Singh Center for Nanotechnology）便有趣地阐述了"透明性"概念的微妙转变。这两座玻璃新建筑先后落成于费城宾夕法尼亚大学北侧的Walnut街道东西两侧（图1）。虽位于同一条街道，并且就其材料系统来说，也都采用具有直接透明性质的玻璃材料为核心体系，然而，这两所房子对待场地的态度却不尽相同。

安纳博格中心的场地位于Walnut街道西侧一块方形空地，夹杂在进入宾大校园的支路、主图书馆以及建筑学院本科楼的历史环境之间，周围建筑基本是20世纪现代主义发生前后而建造的，以红砖实体墙面统领整个区域。桢文彦塑造了一个简单的玻璃体，表面上是一种虚实对比。然而当人环绕这座建筑并走入其中，便会发现设计者的良苦用心及其场地策略。建筑外界面为全玻璃幕墙系统，而在外界面与内部空间之间，桢文彦设计了另一套可移动的枫木面板系统，与外层玻璃幕墙间隔50cm，恰巧融下一个视线与办公休息的过渡与中介，使得这个看似透明的玻璃建筑骤然变成一个半透明的场地转换建筑（图2）。整个建筑围绕一个硕大的中庭，在内外界面的互动中回应了城市空间的拥挤状态，并巧妙地扩大空间穿透，延伸视觉透明，使得原本狭小的玻璃方盒子，有机地成为一个"微型城市园林"（图3）。

图1　费城Walnut街上的两座玻璃新建筑

图2　街道西侧的安纳博格公共政策中心与老建筑的关系　　图3　由透明表层建构出的场所中心

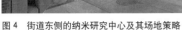
图4　街道东侧的纳米研究中心及其场地策略

图5　街道东侧的纳米研究中心及其场地策略

相较于桢文彦试图利用建筑表层透明性解决城市空间拥挤问题的策略，维斯则另辟蹊径，她将同样位于街道东侧的一块方形用地改造成一座可上可下的"微型山地"，整个设计并没有像安纳博格中心那样将场地占满，而是让出1/3的沿街地块用作入口广场，并将建筑的室外空间还给城市。两条夹在入口折面地景中的道路将身体引入玻璃建筑内部，进入建筑之内，竖向交通系统设计成一体式，只通过位于外侧大空间的一条大型楼梯连接并环绕上、中、下三层。同时，功能的布局也紧紧围绕场所这个核心概念，私密部分位于相对安静的内侧和地下空间，以解放与城市相容的公共部分（图4，图5）。

这两个玻璃新建筑采取最简单有效的方式，巧妙地利用"透明"概念回应着城市发展所带来的诸多矛盾，将宏观理论探讨转移至"在地情境"之中，针对的对象也并非只是建筑，而是所属领地的"建筑在地系统"。无论以建筑本体策略或是地形学策略，这种透明概念所延伸的场所性策略调和了现代与传统、地域与普世、材料与建构之间的冲撞；并且在当代中国，它至少涵盖了三种场地环境与透明机制之间的对应关系，即城市遗产与场景透明的关联，乡土环境与建构透明的关联以及城郊场地与地形透明的关联。

2. "城市遗产"与"场景透明策略"

2.1　20世纪遗留的普遍性城市遗产场地

在一般印象中，城市遗产与遗迹被定义为一种历史形成的具有保护价值的特定区域。然而，随着城市化大潮的愈演愈烈，那些20世纪曾给无数人留下记忆的筒子楼、公园、供销社以及各类博物馆等特定时代的建筑遗迹，无疑成为一类更加朴实而普遍的"城市遗产"。2014年"现代杯"课题场地选择在坐落于湖南长沙雷锋镇连绵的丘陵间的雷锋纪念馆。这个老馆1968年10月开馆，现已列为省级文物保护单位。全馆展室陈列面积5500平方米，共分三个部分，四个展室，通过文物和照片全面系统地介绍了雷锋同志生前的模范事迹和全国人民学雷锋的典型事例（图6）。

整个场地由南向大门进入，以中心雷锋雕塑为中心，环绕雕塑在20世纪陆续建成了党史陈列馆、纪念接待中心、展示馆、纪念服务中心以及后勤办公区域。由于参观需求量加大，以及当代社会环境中对于"雷锋精神"的强烈呼吁，需要在此基中新建一座展览馆以和周边环境协调并促进原有建筑利用率的加强。由于周围的建筑在不同时代所建，且功能各不相同，所以建筑风貌差别很大，难以利用现有某种形态统一园区。然而场地的独特优势恰好给予我们一种思考，当混杂凌乱的场地周边需要以某种手段进行统一的时候，任何独树一帜或者鲜明的形态都难以获得场地的连接性，势必采取一种截然不同的态度，两个核心问题由此产生，即选址和形态策略。

2.2　场景透明策略

既然任何形态都难以协调，那么走向此类方式的另一个极端，也就是"无形态"，这样是否会更有趣且更适宜呢？这时，一个隐隐的策略浮现出来——"通往无之路"。显然，园区中心的雕塑是进入博物馆的大门和核心，场地空旷、视野开阔。倘若在此地建立新馆，必将成为统领场地的核心地理区域。但是，问题也随之而来，作为中心的集散广场本已担负起调节各个功能区之间联系和协调的任务，将新馆建在此，势必破坏了人的行为流线及参观视线。怎么办？因此，一个环形的"绿色结构体"正是在这种矛盾环境中诞生了（图7）。

图 6　场地现状图

图 7　设计总平面图

从布局上来说，新馆环绕雕塑，且形成连续起伏的屋面。这种起伏性并非随意，而是根据南侧、东侧和西侧的三个入口调节高度，使得人从入口进来可以对整个园区一目了然，且从三个起伏屋面的最低点进入整个建筑的屋顶和内部（图8）。为了使整个室内环线达到互通，所以，相应的入口最低点所对应的内环处则进行抬高，容许室内连廊的通过（图9）。而立面的处理成为环形形态的下一步，如何保持从而从各个方位都可以看到中心雕塑，如何保证杂乱无序的场地得以清晰明确地衔接？玻璃幕墙这种透明状态的材料包裹着整个新馆，而栽植于屋面的草地有效地扩大了游客参观与赏园的行为选择，整个建筑打破传统的气候边界，让室内外环境彼此交融，并无隔判（图10）。如此而来，根据人流和入口的需求，一个典型的"场景结构体"在理性的问题分析中形态自成。这种"无"的结构消隐了自身却扩大了人的公共行为以及周边建筑的独立性与连接性。

这个案例成为20世纪众多建筑遗留更新设计的一次典型实验。当代中国建筑师在很长一段时间内也必将会面对众多如此般的场景。细微的考察原有基地，通过理性分析，选择利弊条件，取舍设计依据，忽略建筑形态的第一性设计驱动，将有形的建筑转化为无形的"新场景结构"，方能达到有与无之间的隐性联络。

3. "乡土建成环境"与"建构透明策略"

不仅在城市中，广大乡村地区如今也遗留着众多20世纪所建的学校、工厂、商铺等公共建筑类型。在农村大量人口进入城市的今天，这些典型的乡土已建成环境面临被遗弃和丧失原有活力的危机。如何以一种在地方式，重新建立新老建筑之间的连续性，将成为当下"新乡建时期"的重要课题。

3.1 当代典型的破碎化山区场地

2014年全国木结构建筑设计竞赛选址皖西霍山县东西溪乡中心。作为当地保留建筑，原校址建于1980年代，目前急需新建一幢两层新综合楼，以扩大招生规模且协调原有建筑。

图 8　场地透明机制生成图

图 9　新馆整体形态

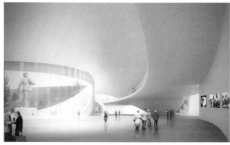

图 10　新馆内部空间的渗透性

历经 30 多年改革开放，尤其近十多年高速化城市建设，如此这般无序、破碎、异质冲突的乡土环境比比皆是，村落肌理与 20 世纪建筑遗留之间并未产生合理的过渡条件，历经使用，破旧无力。相当紧凑的场地使得红线、层高、面积等硬性条件均被限定至极。

然而几经探寻，内外相隔 4 米高差的校界引起设计师注意，贫困山区、小学校、场地边界、教学单元等关键词都借由边界的发现而变得活跃起来。

3.2 乡土建构的透明性

这项设计成为一个极具"边界"特性的"微观乡土地域再造"。一方面，场地位于校区与村镇的交界处，在物理界限上成为教学活动与乡村生活的界限；另一方面，传统乡村地带的学校本就薄弱，这种类型的发展从来未被学术界及建筑研究领域准确定义过，在乡村教育力量仍然相对薄弱的当代，无疑成为乡村普通生活与乡间教学活动的鸿沟。我们是否还需要清晰的乡土结构？是否还需要在乡土生活间建立有序的营建模式？这种乡土在地性是否可以在拥挤不堪的当代乡村中创造生活模式与空间边界的透明？

带着这样的问题，首先是对场地施加改造，原有场地内外涵盖 4 米高差，恰为建筑一层层高，因此不动声色地利用现状高差容纳一层空间，而边界的特性促使习以为常的"方盒子"变成过渡内外的"三角体"，校内、校外的孩子在此处并没有被教学分割为两个群体，而是借助位于边界的三角体互通交往，促发山区孩子接受教育的兴趣（图 11）。

在对场地进行透明性策略的考量之后，另一种策略为设计提供建造的启示，这是一种乡土建构的透明机制。学者张彤曾提出"建构透明性"的概念，他认为"当由材料组织的体与面，其表面的感知质量，清晰地反映出内部的构造方式；而连接材料的构造又诚实表达了材性诉求，这时候，材料的材性、连接与再现在建构的逻辑深度上便具有了双向可逆的透明度"[1]。

在皖西山区，几乎没有任何一种材料具备木头的原生、易得、弹性可控、环保再生等特性，也没有哪种材料具备木材所具备的可以担负建造建筑整个系统的全面性素质。因此，在选材上，整座教学楼采用全木结构，架之于 4 米高差的场地之上，由 5 品桁架作为主要结构承重的基础上，线性木构件层层退叠累加，形成位于边界处的一座复合化功能的教学综合楼，名为"看台木屋"（图 12，图 13）。

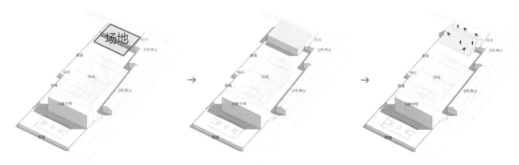

图 11　透明策略生成概念图

图 12　学校整体透视

图 13　学校二层内景

从整个建构体系来看，建构逻辑清晰而明澈，达到空间秩序与材质逻辑的吻合。基础部分利用原有高差的挡土墙，加以钢混结构加固，容纳光线需求量较小的图书馆。其上架之5品包木表面的钢架，形成整体受力体系。而叠涩木结构体系在主结构系统的支撑下，互相编织咬合，一方面加固整体受力，且内部形成有均匀漫反射光线需求的教学活动室，另一方面承受作为建筑表层的木板体系，可供看台之用，并有效地形成内外视线穿透，使校内外并无明显的界限（图14）。至此，材料所需、建构方式、空间要求等均以木材材性极其质朴的线性交接方式作为核心，分别适用于不同功能，达到空间与建构的自然自明交织（图15）。

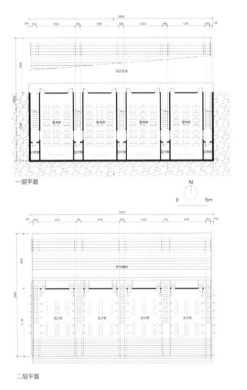

图14 综合楼各层平面图

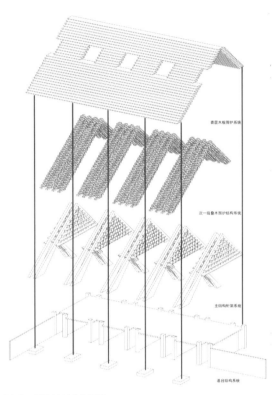

图15 整体材料建构逻辑

4.　"城郊自然环境"与"地形透明策略"

在莱瑟巴罗（David Leatherbarrow）的论断中，地形（Topograpy）为建筑创作提供在地性依据。地形通过建造成为一种有待被呈现意义的期许[2]。他将"透明"引入表达建筑体验与感知层面，而由此引发的自然状态下物质条件的本体与再现的综合便形成以地形为架构的场所透明机制。景观大师埃克博（Garrett Eckbo）说："设计是一个解决问题的活动。[2]"波拜因（Adolf Bobein）也曾意指建筑是社会的雕塑。任何一种建筑形态的产生，必然由大地联络，在地形层面发生与社会性事件以及行为模式的关系。

4.1　异质交错的城郊地带

过去的20年，中国在前所未有的尺度上经历了人类历史上最为快速的城市化过程。与此同时，城市化过程中各种利益、欲望和力量的撕扯，使得传统城市中以同质、连续和均衡为特征的肌理遭到不可挽回的破坏，代之以破碎、扭曲和异质杂陈[4]。2012年"现代杯"课题场地取自南京西北郊一块城乡结合处的山形堤坝区域，北靠等差分布的均匀山体，南觑长江，红线圈定范围乃山体半山腰以下亲水部分，环以3m高的现状堤岸，要求设计一座鱼类博物馆。

这类场地在长江中下游地区的城郊中比比皆是，要么被商家开发成高端房产，要么被老旧的废弃遗迹覆盖，仅存的自然景致并未得到有效利用。然而该地地貌起伏、山水共生，自然本身的优越使得该地块孕育着地形流动的潜能。反观山地剖面，平缓的山地剖面上构成一系列"自然事件性"的趣味聚集：水洼、石块、镶嵌的多种异质，还有分布随机、有趣的古老植被。自然状态下的生息运转补充着和谐共生的大地潜在力量。此时，建筑透明性获得进入的机会。

4.2 地形透明的潜能

设计从博物馆所带动的核心事件性开始，并启动着地形的拓扑与改造。匀质分布的地块山体在中段被打开，挖山引河，将长江水引入整个地块内部，继而构成"凹"字型的室外鱼类养殖基地，将室外鱼类展场与自然地形融为一体。水陆的分界由原来明确堤岸转为模糊的内向驳岸，形成天然的一汪浅湖。而博物馆的主要功能便以"筑坝架桥"的姿态横架与湖面之上，联通两岸，形成人鱼共赏的景观隧道（图16）。

地形的透明性此刻通过筑坝这一巧妙的形态操作机制得以层叠式彰显（图17）。首先是筑坝，架起多品混凝土梯形桁架用以建立主结构体系——梯形有个好处，化解两侧水流。接下来是沿鱼池一侧围护结构的设立，弧面将水流引入水坝两侧过水通道。如此而来，功能便得以垂直划分，且互不干扰；在表层界面上确定一个主要思路，即沿鱼池一侧封闭，并形成大的玻璃幕墙体系，人在其中获得实景的赏鱼流线（图18），而沿江面一侧则打开，开设底窗，模糊气候边界，此时形成的两个水面高差在水坝中得以调节，并呼应着人流赏鱼和观景的双重需要（图19）。另外，依据山地自然植被现状，或保留或移植场地内树木，与建筑一道，构成栖息于水边山脚一块天然成形的人造公园，织补着那些还未被破坏殆尽的城郊自然景致。

由此，一条集合水坝、科研、赏鱼、观景、漫步等功能的综合透明结构体，便在改造地形及重塑流线的手笔下得以建立垂直向明确的场所透明层次，内外互含，动静相分。这种轻介入的方式，却获得了场所性重生。

图16 挖山引水的总平面图

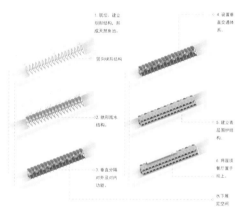

图17 设计流程图

图18 沿鱼池一侧内景

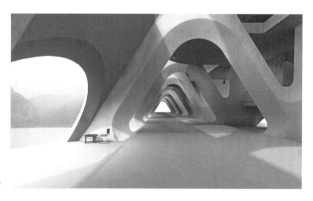

图19 沿江面一侧内景

5.结语：在建筑在地系统中建立场所透明的织补逻辑

长久以来，建筑师们始终企图借由某种可以自证的逻辑寻找着设计的可能。然而，当代周遭环境早已不再如之前10年那样空空如也，建筑师也已不再如10年前一般任意在城镇新区中"信笔涂鸦"，越来越多的20世纪建筑的遗留所产生的当下问题已逐步成为当代建筑从业者需要面对的紧迫课题。

诚然，当材料、空间、功能、流线等以往普遍作为建筑创作本体的首要设计要素，似乎已变得不那么关键时，"场所透明"的操作法则以最大程度激发人行为模式的厚度，统领那些围绕着的设计要素。由此形成的新架构正如诺伯舒兹（Christian Norberg Schulz）所言："建筑并没有什么不同的'种类'，只有不同的情境需要不同的解决方式。[5]"莱瑟巴罗继续说道："当空间中的通道被看作时间中的通道，它的设计最为巧妙，体验最为充分。[6]"

这就是文中所阐述的"场所透明"的核心价值，它联通建筑内外、场地周遭以及历史纵深，并使得场所方位、材料建构、地形拓扑等赖以利用的隐性条件以一种隐性介入的方式参与到建筑在地逻辑系统的整个循环阵列之中，试图在当代碎片化社会环境中构建一套连接历史纵深和场所四维的设计机制。

（课题指导教师：张彤教授；课题研究人员：寿焘、厉鸿凯、程啸、李凯渲、王宇等）

（基金项目：国家重点研发计划课题项目，项目编号：2016YFC0700203；国家自然科学基金项目，项目编号：51238011）

注释：

[1] 张彤. 材质 [J]. 建筑技艺，2014 (07)：28-35.

[2] 寿焘，张彤，弗兰卡·特鲁比亚诺. 大地"渊薮"——地形要素在乡土建筑中的建构学解读 [J]. 西部人居环境学刊，2016 (03)：37-44.

[3] Garrett Eckbo.The Landscape We See [M].New York：McGraw-Hill，1969.

[4] 张彤. 后城市化时代的空间织补——南京三宝科技集团物联网工程中心设计 [J]. 建筑学报，2015 (01)：56-57.

[5] 诺伯舒兹. 场所精神 [M]. 施植明译. 武汉：华中科技大学出版社，2010.

[6] 大卫·莱瑟巴罗. 时间景观中的通道：对槙文彦设计的安纳博格公共政策中心的研究 [J]. 谢华译. 建筑创作，2013 (Z1)：350-355.

图片来源：

文中所有图片均为本教学组拍摄、绘制

作者：寿焘，东南大学建筑学院博士，宾夕法尼亚大学设计学院 访问学者；厉鸿凯，美国CO Architects建筑事务所 主创建筑师，东南大学建筑学院 硕士，美国加州大学洛杉矶分校 (UCLA) 艺术建筑学院 硕士

基于"空间·建构"理念的建筑设计基础教学探讨

——山东建筑大学"建筑设计基础"课程教学实践

赵斌　侯世荣　仝晖

A Pedagogy Study for Architecture Foundations
Based on the concepts of "Space and Structure":
"Architecture Design Foundation" Course of
Shandong Jianzhu University

■摘要：当代建筑设计人才培养中，在本科阶段强化有关空间和建构方面的训练已成为建筑学专业教育的共识，尤其是在建筑学习入门阶段如何适应这种转变，是国内各大高校所关注的热点命题。本文以山东建筑大学建筑学专业"建筑设计基础"课程的教改实践为例，基于"空间·建构"理念，从课程体系、内容构成、题目设置、教学方法、训练模式等方面，对地方性院校的建筑设计基础教学进行了思考和经验总结。

■关键词："建筑设计基础"课程　空间·建构　课程体系　地方性院校

Abstract：Within the realm of contemporary education and training for architectural design, it has become the consensus among the professional education providers that space intensive training at the undergraduate level and aspects related to the construction of architecture is principal and essential. Especially an adaption from the old system to the new spatial and constructive has been a concerned proposition amongst the major universities and schools. In this paper, the teaching reform for the course "Architecture Design Foundation" at Shandong Jianzhu University has been used as a case study in the pedagogical research for provincial universities. This course is based on the concept of "Space & Tectonic" referring to areas including curriculum, content composition, subject, teaching methods, training patterns as well as other aspects, in hoping to raise contribution and contemplation.

Key words："Architecture Design Foundation" Course；Space & Tectonic；Curriculum Structure；Provincial University

　　在城市发展的不同历史时期，对建筑师的专业角色有着不同的要求，反映到建筑教育上，则意味着不同的教学方法和训练模式。在我国城市建设不断深化的背景下，国内高校纷纷对建筑学专业教学展开了广泛的教学研究和改革尝试，建筑设计基础教学亦呈现出前所未有的多元化趋向。山东建筑大学建筑学专业在前期工作基础上，借鉴国内外的教学实践和经验，对"建筑设计基础"课程的教学思路进行了调整，在课程框架、授课内容、训练方式等方面进行了一系列的更新和优化。

一、教学背景

1. 国内建筑基础教学发展趋向

自 20 世纪初，我国的建筑基础教学仿效欧美各国，经历了"移植、本土化和抵抗这三个阶段，'鲍扎'这个外来的建筑教育制度在中国从最初个别散乱的实践发展为一个全国统一的教育方法，同时经历了一个以民族形式为主线，以渲染练习为具体表现的本土化过程 [1]"，形成了以"鲍扎体系"为主线，基于建筑艺术性创造的设计基础教学体系。

进入 21 世纪以来，国内各大高校在既有的课程体系下进行了一系列的改革尝试。其中，以顾大庆、柏庭卫为首的香港中文大学"建构研究"工作室，借鉴了 20 世纪 50 年代"德州骑警"使建筑"可教"的理念，以及其核心成员之一伯纳德·赫伊斯里（Bernhardt Hoesli）后来在"苏黎世联邦理工学院"（ETH）所创立的建筑基础教学体系，基于讨论空间和构成空间特质的手段（即建构），通过运用模型来构思设计，同时通过对模型材料的操作，直接赋予建筑以形式，形成了以空间训练和建构训练为主导的"空间·建构"教学体系，为我国建筑设计基础教学做出了创新性探索和有益尝试。与此同时，东南大学、天津大学、同济大学、华南理工大学等"老八校"的建筑专业也不约而同地根据自身教学实践对设计基础教学进行了优化和完善，尽管其各自理念和方法不尽相同，但均表现出强化空间设计与建构训练的倾向。

2. 地方性院校的学情分析

与国内"老八校"以及浙江大学、湖南大学等著名高校相比，众多开办建筑学专业的地方性院校除了师资力量相对薄弱外，生源素质亦存在着较为明显的差异。以山东建筑大学为例，一方面，与本省内多数建筑学专业相比，作为传统建筑院校的优势专业，聚集了山东省内较为优秀的生源，学生具有较高的求知热情和较好的学习习惯；另一方面，与国内著名高校相比，在思考问题的活跃度、学习的主动性与自律性等方面存在一定差距。这反映在专业训练过程中，学生对于课程设计的自我要求以及独立思考和解决问题的能力有所不足，因此需要在课程中加以督促和引导；再者，建筑设计的学习要求学生具有很强的自主学习能力，而这恰恰是地方性院校学生的短板。因此，建筑基础教学必须根据自身学情采取针对性措施。

二、教学思路

1. 以"空间·建构"为主导的教学体系

自 1893 年德国人奥古斯特·施马索夫（August Schmarsow）首次提出"空间"作为建筑设计的核心以来 [2]，这一观点得到了建筑学界的普遍认同。弗兰姆普敦在《建构文化研究》一书中把空间问题与建构研究联系在一起，"建构研究的意图不是要否定建筑形式的体量性特点，而是通过对实现它的结构和建造方式的思考来丰富和调和对于空间的优先考量 [3]"。基于以上理论，同时借鉴香港中文大学顾大庆教授的教学研究及实践，新的设计基础教学以"空间·建构"为核心，强调以"观察""体验"和"逻辑思维"为基础的训练，探讨如何以"启发"和"推动"的方式替代以往以"示范"为主的教学方法，从强调艺术创造和美学基础的训练转向以"空间操作"和"图纸表达"相结合的训练方式，使"设计"变得更加"可教"和"可学"。

2. 双线并行的课程框架

"建筑设计基础"教学中，一方面，需要帮助学生树立正确的专业概念，属于专业知识训练层面，具体包括对空间、功能、结构、材料、形态等建筑基本概念的认知，在此过程中，逐步掌握设计的基本方法；另一方面，通过课程设计训练，使学生熟练掌握观察、表达、制图、模型制作等必需的专业技能，属于基本技能训练层面。在课程体系的构建中，两个层面的训练彼此交融，从训练设计的个别问题开始，通过由简而繁、由易及难的单元式训练逐步递进，于潜移默化之中使学生初步学会如何设计，这也是入门阶段的核心目标。而基本专业技能的训练则贯穿于整个课程的始终，在不断的强化训练中实现学生的熟练掌握（图1）。

3. 递进式、高完成度的单元化训练模式

从高中的数理化课程到专业设计训练，学生面临着学习方法和思维方式的巨大转变，因此将有关设计的各个问题从整体中析出，进行相对独立的单元化专项训练，在建筑基础教学中尤为重要。课程体系设计的关键在于各单元训练内容的提炼，以及单元间的内在关联和前后衔接。在新的课程体系下，各单元之间的承接关系更加明确，训练的知识点由简到繁、逐次叠加，训练内容由易及难逐步进阶。各单元训练目标明确，重点突出，有助于在较短时间内聚焦解决某一方面的问题。针对地方性院校的学情特征，有意识的高强度训练有助于通过外力督促学生培养专业学习的自律性；同时训练内容和成果深度的明确设定，有利于保证课程设计训练的高完成度，训练学生的自主学习和研究能力。

三、课程设置

根据建筑学专业主干课程的整体教学思路，围绕"空间·建构"这一核心命题，本科一年级阶段的主要知识构成包括：空间围合、空间限定、

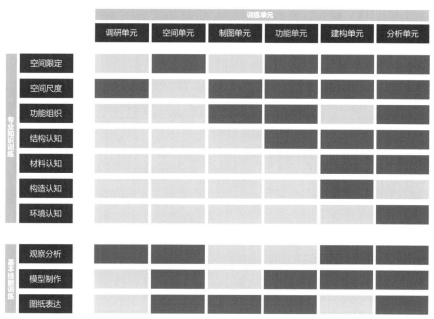

图1　课程框架

材料认知、结构认知、功能认知、尺度认知、环境认知、形态认知等。与之相对应，新的课程体系分为城市认知、抽象空间、建筑抄绘、功能空间、实体搭建和案例分析六个训练单元。其中，抽象空间基本认知—功能空间建构—实体空间搭建单元构成了设计基础课程"空间·建构"训练的主线。空间认知单元从单一空间围合、空间限定、材料介入、多空间训练四个方面对纯粹抽象空间形成基本认知；继而加入人体尺度、功能组织、材料建构等概念，通过建筑师工作室内部空间设计，对功能—空间—建构形成基本认知；最终，通过实体空间搭建，强化材料特性对于对空间、结构、构造的意义。

在这一主线下，"城市认知""建筑抄绘""案例分析"单元穿插其间，进行重点技能的辅助和补充训练。新的设计训练以"观察""体验"和"逻辑推理"为基础，因此在训练之初，通过城市认知强化观察和表达能力的训练。同时，作为建筑学最为重要的基本专业技能，制图训练贯穿于整个课程的始终，经过空间认知单元的初步制图训练后，学生已经具备了一定的图纸概念和初步的制图能力，而后续功能空间单元对于制图具有较高的要求，因此在抽象空间和功能空间单元之间设置了专门的制图强化训练。为避免在测绘对象选择方面的种种限制，制图训练调整为建筑抄绘，强调对建筑的认知和门窗、结构、构造构件的规范表达，以及线型、配景等基本表现技巧训练。课程最后，结合经典建筑案例，对之前的造型、空间、功能、结构、构造等基本概念进行综合训练，并介入环境概念，对建筑形成全面认知（图2）。

新的课程体系中，有关美学构成知识和传统表现技法的训练比重大大降低，而有关空间、材料、结构、观察、体验的训练比重有所增加。城市认知、空间单元、功能单元、实体搭建单元均采取了较为新颖的设计题目和训练方式。同时，针对地方性院校的学情特征，继续强调专业基本功的训练，保留了专门的制图训练和经典案例分析环节，前者通过单一的强化训练督促学生提高对于绘图基本功的掌握程度，后者则主要引导学生开拓专业视野，形成全面的专业概念。

四、空间训练教案简介

1．空间认知单元

空间认知单元的训练始于单一空间认知，继而逐步过渡到多空间组织与关联性的认知。本单元训练以单纯的抽象空间为研究对象，弱化空间创造而强调生成的操作过程，"从操作入手使得每个学生要直接面对手头的任务，而不需要依赖在设计还未开始之前就有的'先入为主'

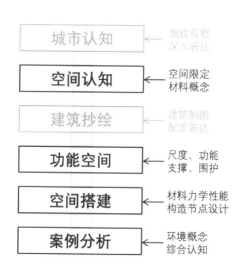

图2　训练单元

之见"[4]，重点讨论空间的方向性、体量比例、围合方式、围合界面、光环境、空间关联等基本特征，空间意义、尺度等则在后续训练中予以讨论。

单一空间训练分为"空间生成""空间限定""材料介入"三个环节。"空间生成"以几何构成图形为基本网格，通过融合、剪切和粘贴等操作得到单一方形空间模型，该过程以空间观察能力训练和概念认知为重点（图3）；"空间限定"则是对前期成果空间界面的进一步操作，感知空间界面的变化对空间界定、空间围合、光影环境、路径引导等方面的影响（图4）；"材料介入"则是通过模型材料的替换来讨论界面颜色、质感、肌理、透明度等物理特性对于空间体验的影响（图5）。

多空间训练以得到多个相互关联的单个方形空间为目的，通过对板片材料进行操作得到多空间模型，操作结果以空间限定的清晰性和多个空间之间丰富的关联与渗透为评判标准，对结果的修正首先是对操作规则和操作方式的讨论，整个过程更加强调操作的逻辑性和结果的可控性（图6）。

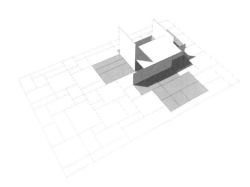

图3　空间生成基本网格

图4　空间限定训练

空间生成

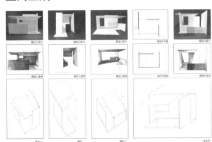

空间限定

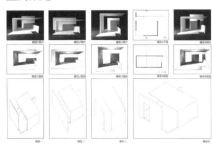

材料与空间

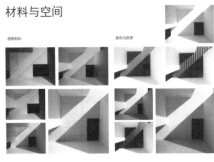

图5　单一空间训练

复合空间

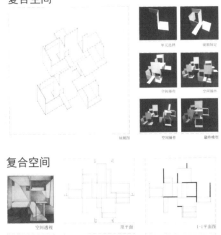

复合空间

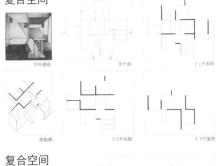

复合空间

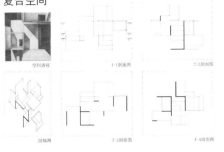

图6　多空间训练

2. 功能空间建构

功能空间单元在之前空间认知单元基础上，加入了人体尺度、功能组织、支撑与维护三个基本概念。训练过程相应地分为三个环节：尺度认知、功能空间、空间建构。 第一环节中，对工作、阅读、会议、盥洗等基本功能所需尺度和家具组合方式进行尺度模拟、测量和局部设计。第二环节中，首先根据任务书绘制功能组织泡泡图，继而在指定轮廓（9.6X9.6m 或 12X7.5m）内进行功能空间设计，该阶段对结构和材料不予讨论，重点对功能组合、流线组织以及空间划分和限定进行设计，以单色纸卡板制作工作模型作为主要手段。第三环节中，以木构框架、木质墙体或二者结合作为支撑结构，木板材为围护材料，进行建筑设计。结构尺度、结构构件和围护构件的基本尺寸均在任务书中予以明确设定。结构和材料的介入必然与前一阶段的纯粹功能空间设计形成冲突，因此需要在前期思路基础上，结合结构与维护进行整合。功能空间单元通过对建筑轮廓的设定，使设计聚焦于对建筑内部空间的设计，门窗洞口、建筑形体以功能需求而定，淡化对建筑外部造型的关注。在结构认知部分，重点在于对建筑的支撑与围护（气候边界）形成基本概念，为后期建立完整的建构概念奠定基础，题目设定中更加注重结构逻辑的合理性而非实践可行性（图7，图8）。

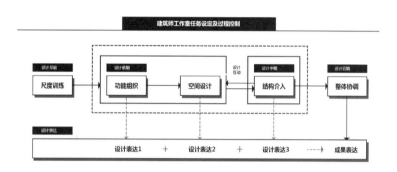

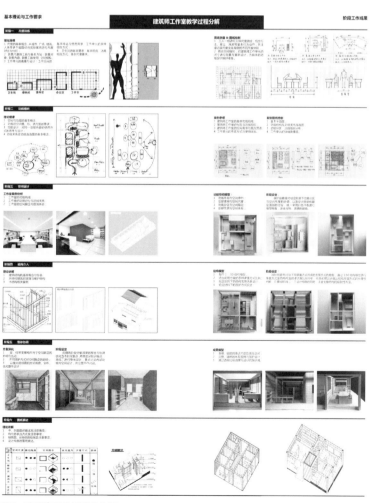

图7 功能空间单元过程分解

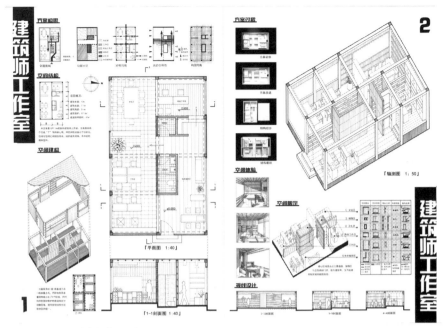

图8 建筑师工作室内部空间设计

建筑学专业长久以来所采取的"平面功能—结构柱网—立面造型"的更加依赖图面操作的方法，将外观问题与建筑的功能和结构问题分解为三个相对平行的层面，而本单元的设计训练借鉴了顾大庆教授所总结的苏黎世理工学院"体量模型—空间模型—结构模型—建筑模型"的设计方法，从而实现建筑空间、功能和结构的统—[5]。

五、结语

新的"建筑设计基础"课程较之以往的训练内容和训练方式有了很大的改变，目的在于探索适用于地方院校的教学思路、知识构成、教学方法和训练模式，构建符合建筑学发展趋向的设计基础教学体系。而课程体系的构建和完善是一个长期持续的过程，当前的课程体系是在前期课程基础上的优化和重构，既加入了全新的内容，又保留了部分既有的训练。从近两年的教学实践来看，在学生之中反响较好，初步实现了预期目标，同时也必然存在着诸多的不足，需要在后续的教学实践中予以不断改进和完善。首先，借鉴国内外的教学实践经验，深入研究设计基础教学，增强课程自身的理论支撑；其次，加强训练单元之间的系统性和连贯性，继续优化、完善各训练单元的题目设计，如将制图作为必要的技能训练、案例分析作为基本的学习方法，分解融合于各训练单元之中，使其成为课程设计的必要环节而不再作为独立的训练单元。最终，通过训练的循序渐进和内容的逐步深入，引导学生更好地适应专业设计课程，为高年级的设计训练打好基础。

注释：

[1] 顾大庆. 中国的"鲍扎"建筑教育之历史沿革——移植、本土化和抵抗 [J]. 建筑师, 2007 (02) :97–107.
[2] 朱雷. 空间操作 [M]. 南京：东南大学出版社, 2010.
[3] 肯尼思·弗兰姆普敦. 建构文化研究 [M]. 王骏阳译. 北京：中国建筑工业出版社, 2007：2.
[4] 顾大庆, 柏廷卫. 空间、建构与设计 [M]. 北京：中国建筑工业出版社, 2011.
[5] 顾大庆. 建筑教育的核心价值——个人探索与时代特征 [J]. 时代建筑, 2012 (04) :16–23.
[6] 顾大庆. 空间、建构和设计——建构作为一种设计的工作方法 [J]. 建筑师, 2006 (01) :13–21.
[7] 顾大庆. 作为研究的设计教学及其对中国建筑教育发展的意义 [J]. 时代建筑, 2007 (03) :14–19.
[8] 顾大庆, 柏廷卫. 建筑设计入门 [M]. 北京：中国建筑工业出版社, 2010.
[9] 吴佳维. 一种设计教学的传统——从赫伊斯力到现在的ETH建筑设计基础教学 [J].2015 全国建筑教育学术研讨会论文集. 北京：中国建筑工业出版社, 2015：3–9.

图片来源：

图7 截选自本课程"2014 全国高等学校建筑设计教案和教学成果评选活动"获奖教案，其余图片均来自于近两年课程设计成果。

作者：赵斌，天津大学建筑学院 博士研究生，山东建筑大学建筑城规学院 副教授；侯世荣，山东建筑大学建筑城规学院 讲师；仝晖，山东建筑大学建筑城规学院 副院长，教授

基于模块化教学体系下的"由情及理"环节教学探索

石媛　李立敏

Teaching Exploration of "From Sensibility to Rationality" based on Module Teaching System

■摘要：灵活可变、内容合理的模块是模块化教学体系的重要部分。"建筑设计2"课程自教改以来，各个教学模块都随着教学活动需求相互穿插并不断调整深化，甚至随着教学的需求进行更新。教学小组在第四学期"建筑设计2"山地旅馆的教学环节中，引入"情感模块"，并进行了一系列的小型训练，意在捕捉学生敏感而热爱生活的心，从感性上激发起学生的学习兴趣，引导学生在最后阶段的大设计中依据自己的情感需求，创作出自己喜欢的建筑作品。情感模块的加入，对整个模块化体系起到了完善与补充作用，使得模块化教学体系更加丰富合理。

■关键词：模块化教学　情感　教改

Abstract：Flexible and reasonable content of the module is an important part of teaching system，various kinds of training courses and public building design their own individual teaching module will be with each other in teaching requirements and constantly adjust to deepen even replaced with different teaching task．In mountain hotel fourth semester teaching link，the introduction of emotional module，conducted a series of small training，designed to catch the students sensitive and deeply loves the life of the heart，the most essential inspire students′interest，guide students in the last stage of large design according to their own emotional needs，to create their own architectural works．The addition of emotional module，the entire modular system played a perfect and the supplementary role．The modular teaching system more reasonable．

Key words：Modular Teaching；Emotion；the Educational Reform

一、模块化教学的体系与发展

1. 模块化教学的开展

从2013年至今，我教研室一直在教学过程中探索、总结教学经验，建立了以建筑设

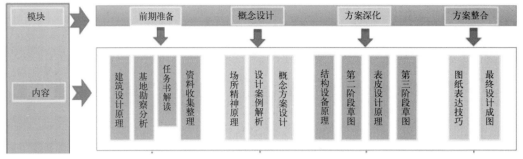

图1 模块化教学内容简图

计课程为主线的模块化教学体系。以"建筑设计2"课程为例，我们针对学习这门课程的学生在不同阶段面对的问题，将相关专业知识进行合理的模块化分解，循序渐进且有针对性地进行讲授和练习。在设计课程的进行过程中，明确各环节特点和需求，形成相互渗透、有机联系的教学体系（图1）。

2. 模块化教学的模块更新

灵活可变、内容合理的模块是教学体系的重要部分，每个模块掌控着一个阶段的学习点，模块内容的合理设置见证了教学内容是否合理安排和落实。随着教学的展开，我们应根据教学中的具体问题对"建筑设计2"的各个教学模块随时进行调整，并随着教学活动需求相互穿插且不断调整完善，甚至随着教学任务的实际需要而进行更新。这样才能在实践中总结经验，使模块化体系更加合理，从而完善既相互衔接又具有一定独立性和相对完整性的教学模块及相应节点。

3. 模块化教学的成果

经过两年的摸索和总结，模块化教学在实践中取得了预期的丰硕成果，学生的积极性得以提高，对知识的总结和运用能力增强；教师的业务水平和教学积极性大大增加，教学论文成果不断。

在这些成果背后，我们并没有停下探索的脚步，而是针对每一年的教学任务，针对不同年级的学生，进行了更为深入的观察和了解，总结以往的教学成果和经验，设计出具有独特性、针对性的新的模块及节点，更好地训练学生的认知能力。

二、理性、情感教学模块的引入

在两年模块化教改的过程中，学生们基本掌握了相关的建筑设计知识，但是在学习的积极性方面还有所欠缺，于是我们将加入一些模块以提高学生的积极性，挖掘其更深层次的灵感和兴趣。我们发现所授的课程理性、逻辑性很强，有些知识不免枯燥，如果能加入感性的内容，做到感性、理性结合，就可以调动学生的主动性，达到事半功倍的效果。理性和感性是建筑设计中不可缺少

的两个部分，理性能使设计有条理有逻辑，感性可以使设计有灵感、有激情，合理安排理性、感性模块，能充分调动学生的学习兴趣。

1. 理性与建筑的关系

"理者，成物之文也。长短大小、方圆坚脆、轻重白黑之谓理。《韩非子·解老》"理性是一个人用以认识、理解、思考和决断的能力。不同于其他艺术门类，建筑的理性是从其特有的包括结构、技术和功能等要求的实用性中渗透出来的一种品质。建筑从使用中产生，所以也应反映出它在产生过程中的道理。

在教学过程中，尤其是在第四学期和第五学期，被称之为建筑中的中年级，其教学常常被认为必须以理性作为前提基础，学生需掌握大量理性的知识：功能组合、结构、构造、材质等，甚至对基地的调研都带有很强的理性色彩，学生在进行课程设计的过程中，反复地斟酌平面功能、推敲形体体量、完善结构设计，争取在最短的时间内，设计出合理而又精美的建筑作品。学生经过这个阶段的训练形成一套理性的思维模式，但从教学内容的衔接上来说，这样的阶段和前面三个学期的教学环节过渡得有些突然，从教学效果上看，只有理性的练习阶段，不能够很好地提高学生的积极性。所以如何将前三个学期对建筑的启蒙认知阶段合理地过渡到后面的学习中，并挖掘学生的兴趣是我们所思考的。

2. 感性与建筑的关系

如同艺术的任何形式都能给人带来情感的体验一样，建筑也不例外。建筑本身是艺术的一种表现形式和表达方式。

路易·康说"你必须遵循自然规律，运用大量砖块，构造方法和工程学。然而到最后，当建筑成为生活的一部分时，它唤起了不可度量的特质，接着实存的精神接管一切。"这里不可度量的特质指代的就是建筑所带来的情感。

情感是设计最初的源泉，建筑是人类的聚集地，大部分时间承载着人们的喜怒哀乐，进行建筑设计的时候我们也应怀揣情感，捕捉灵感，从

生活中感悟美好，进行建筑设计，在理性设计建筑之前加入对基地、对将要设计的建筑的模糊的感情认知，从感性出发，由情及理，创作出充满想象及心意的空间，才是我们的最终愿望。因此在教学过程中，适当引入情感模块，是对理性模块的一种补充与升华。

三、情感模块的设置

根据理性与感性在设计中的重要意义，我们在原有的第四学期的"建筑设计 2"——山地旅馆理性教学环节中，引入情感模块，进行了一系列的小型训练，意在捕捉学生敏感而热爱生活的心，最本质地激发起学生的兴趣，引导学生在最后一阶段的大设计中依据自己的情感需求，创作出自己喜欢的建筑作品。情感模块分为三个节点——生活畅想、场所认知、实例解析，从不同的角度对其潜在的情感进行挖掘。

1. 生活畅想训练（图 2）

课程要求：探访度假式酒店及其周围的自然环境，用手绘的方式记录下打动你的空间场景和环境细节，发挥自己的想象力用图示语言描绘出你所畅想的酒店空间及环境。

课程目的：通过这样的练习，既可以使学生提取感性思维，对其抽象，完成具象到抽象的转换过程；也可以挖掘其想象空间，对空间有朦胧的认知意向，为以后的设计打下基础。

课时：1k。

图纸要求：A1 的图纸一张，手绘表达。

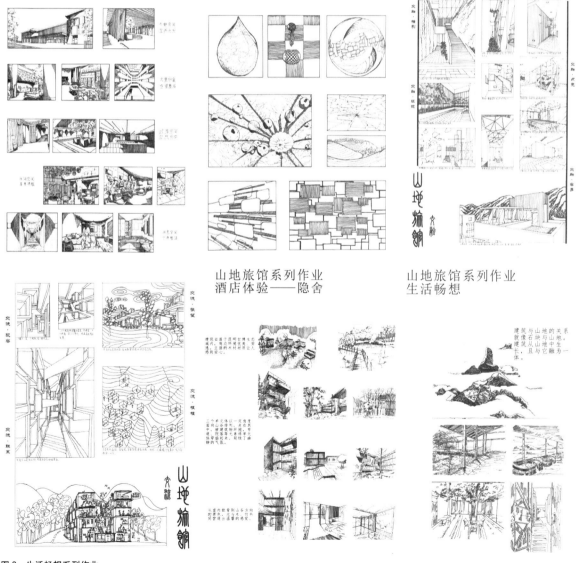

图 2　生活畅想系列作业

2．场所认知训练（图3）

场所认知分为两部分：一为感性认知，一为理性认知。希望通过此练习达到感性、理性相结合，对场所产生深厚的感情，引起建筑与场地之间的联想与共鸣，同时可以理性地描述场所的客观条件，并用一定方法进行客观分析。课时一共2k。

1）感性认知部分

课程要求：山对于我们也许并不陌生，但你有用心去体验过山的存在吗，山的生命、山的呼吸、山的特质、山的灵魂等，所以去踏青吧，趁着春暖花开，让我们用心灵感受山对于我们有什么新的意义，发挥想象力，对山地进行实地体验，并通过现场感受用图示语言将所见所感知记录下来，对山体、水、石、植物、道路等要素进行描绘，并抽象出对其的感觉。

课程目的：用活泼、生动且有趣的方式去感知场地对建筑的影响，从其中找出涉及灵感的线索，完成对场所感性的探究。

课时：1k。

图纸要求：A1的图纸一张，手绘表达。

2）理性认知部分

课程要求：认真分析场地的地形、地貌、方位及周边规划等情况，理性客观地对场地进行描绘，深入调研观察，并记录数据、描绘详图。

课程目的：训练学生的观察和分析总结能力，将现实调研的情况用专业工程语言进行组织描述，客观理性地进行记录。

课时：1k。

图纸要求：A1的图纸一张，手绘表达。

3．实例解析训练（图4）

课程要求：我们对建筑空间都很熟悉，但空间组合方式你是否用心感受及体会过，空间如何流通与分隔，交通如何组织与引导，形体怎样围合与分解，这些都有待我们来思考，选出你感兴趣的山地旅馆案例，分析其吸引你的空间、流线、功能、外部形态等，用自己的语言总结归纳，图文并茂地表达出来。

课程目的：培养学生搜集、运用资料的能力，通过自我认知、分析别人的建筑，从而达到自己对建筑的理解与感悟。

课时：2k。

图纸要求：A1的图纸，张数不限，手绘表达。

四、展望与探索

情感模块的加入分为以上三个步骤，从内部穿插理性部分，逐步引导学生进入最后的课程设计，也是对之前三学期的一个总结，起到了承接之前所学、带入后期所学的过渡作用；同时激发

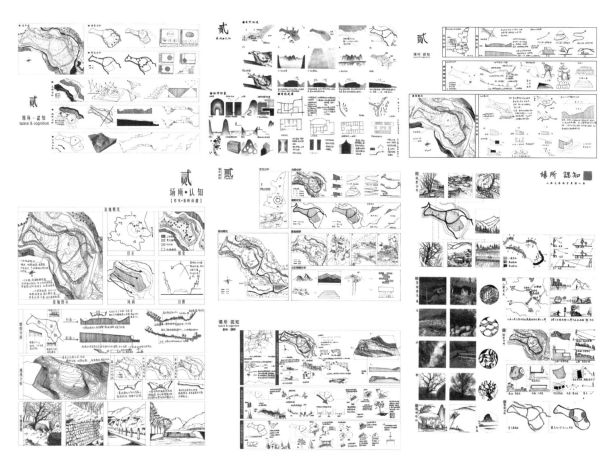

图3 场所认知系列作业

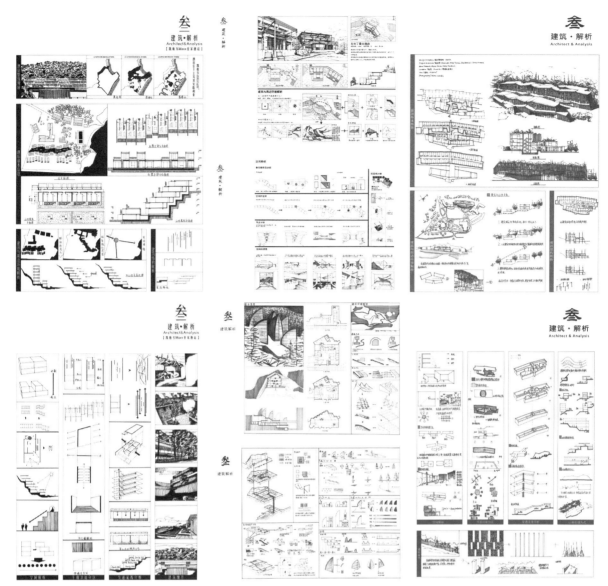

图4 建筑实例解析

了学生的学习兴趣，乐于思考，教学成果显著。

总之，情感模块的加入，对整个模块化体系起到了完善与补充作用。就像一阵清新的风，带来无比的朝气与灵动，学生们做得开心，老师教得舒心，循序渐进的教学模式逐步激发学生灵感，化被动接受为主动思考，遵循自我的所思所想所望，一步一个脚印地走下去，创作出自己喜欢的建筑作品。

在未来的教学中，我们会不断地进行总结与分析，针对不同的课程任务，设计出合情、合理的教学模块，使得模块化教学体系更加丰富合理。

（基金项目：西安建筑科技大学教改项目，项目编号：6040416063）

图片来源：
图1：作者自绘
图2~图4：学生作业

作者：石媛，西安建筑科技大学建筑学院 讲师；李立敏，西安建筑科技大学 副教授，建筑第二教研室 主任

基于复合型人才培养的风景园林专业研究生教学模式研究

周燕　王江萍

Research on the Teaching Mode of
Postgraduates in Landscape Architecture
Based on Compound Talents Training

■摘要：复合型人才培养是适应市场需求及现代学科教育发展规律的必然选择。通过对中国风景园林专业教学模式现状的研究，分析当今教学模式存在的问题。据此提出采用讨论式教学的方式，并运用实证研究法，选取2013级风景园林硕士研究生为研究对象，实行一年级课堂讨论、二年级沙龙讨论的教学方式，提出从学术广度到学术深度的教学模式。在运用实践该教学模式的过程中发现，讨论式教学对复合型人才的培养具有推广意义，对创新风景园林专业人才培养模式具有重要的价值。

■关键词：风景园林　教学模式　讨论式教学　复合型人才

Abstract：The training of compound talents is the inevitable choice to adapt to the market demand and the development of modern subject education.Through the study of the current situation of the teaching mode of landscape architecture in China，this paper analyzes the problems of today′s teaching mode.According to this，the paper puts forward the method of discussing teaching method，and uses the empirical research method to select the postgraduates of the 2013 scenic landscape as the research object，the first year apply class discussion，while the second year apply salon discussion way，put forward the teaching mode solution from the breadth to the depth.So as to analyze the effectiveness of the teaching mode，and finally draw the conclusion：the discussion teaching is of great significance to the cultivation of compound talents and the innovation of landscape architecture professional training mode.

Key words：Landscape Architecture ；Teaching Mode ；Discussion Teaching ；Compound Talents

　　随着当今科学技术和社会文化趋于多元化、综合化，具备多维度知识、复合性能力以及全面性素养的复合型人才在市场经济体制下拥有极大的可适应性和优越性；同时，为适应当代学科既高度分化又高度综合的总的发展趋势，复合型人才培养成为我国高校教育办学的必然选择。

2011年3月，风景园林脱胎于建筑学与城市规划学升格为一级学科，有了新的发展空间和发展机遇。面对学科格局的调整，风景园林学科应该主动与其他学科融合，实现自身价值的增长，获得更多的社会认同。并且，风景园林学科综合性和实践性的特点要求培养复合型人才，因此，如何从整体上理解风景园林的社会属性，并在具体的教学中执行、培养复合型专业人才，是当下相当多新开设风景园林专业的高校亟待解决的问题。

1.复合型人才概念界定

复合型人才是指具有两个或两个以上专业（或学科）的基本知识和基本能力的人才。复合型的实质是打破学科或专业之间壁垒森严的界限，接触并把握不同专业领域的知识及思维方法，这种复合包括社会科学与自然科学之间的复合、多种专业之间的复合、智力因素和非智力因素之间的复合[1]。具体而言，复合型人才须具备以下几项能力：

（1）多维度知识的集成。在掌握两门或两门以上学科基础知识和技能的基础上，根据专业培养目标及社会需求拓宽知识面，有机集成不同知识跨度的学科知识和技能，培养以多角度对待问题的综合设计能力。

（2）复合性能力的创新应用。具备快速学习能力、阅读能力、独立思维能力以及批判性思维能力等，注重多种能力的复合，通过对已掌握学科能力技能的综合，运用到具体生活实际中，从而实现对原有知识的创新性应用。

（3）全面性素养的综合。具备科学、人文、信息素养的同时，更应拥有健全的人格和综合稳定的个性心理品质，还应具备良好的团队合作与沟通协调能力，可以进行多种素养的转换和互融并发挥其综合作用。

2.风景园林专业教学模式的研究现状和问题

2.1 风景园林专业教学模式的研究现状

我国对风景园林专业教学模式的研究起步较晚，没有形成系统的研究课题，直到20世纪末期，俞孔坚[2]、黄清平[3]、王晓俊[4]等人初步探讨了国外风景园林的内涵释义、专业发展进程、专业内容和实践等，在社会变革的视角下提出中国风景园林专业发展面临的挑战和机遇。至今，对其研究主要停留于对理论的研究，而缺乏对于加强学生从社会中发现问题并解决问题的综合能力的研究，因此仍需大量的实践和创新来探索出适于中国风景园林专业的教学模式。总体来说，风景园林学科建设与专业教育不断深入拓展，取得了较大进展。

2.1.1 风景园林专业研究性教学模式的理论研究

刘拥春[5]、吉佩佩[6]、金煜[7]、王玏[8]等人探索了风景园林专业研究性教学的培养模式，分别对建构"以问题为中心"和"以项目为中心"的教学方式、"产学研"一体化培养模式以及"工作室"制教学模式进行内涵和实施方法的探讨；贺坤等人[9]从教学环境的综合性、理论教学的启发性、课程实习的认知性、设计实践的创新性以及考核方式的多元性出发，提出"五位一体"的风景园林课程教学模式，探索理论与实践融会贯通的教学理念。

2.1.2 风景园林教学模式的综合化改革

风景园林教学模式的综合化改革主要分为两类：一是通过借鉴风景园林学科群体之外的知识，进行文理、理工综合渗透等；二是针对同一学科中相关学科间的综合，通过对不同导向学校的个例探析风景园林教学模式的发展方向。

朱颖[10]、王紫雯[11]、李睿煊[12]等人探析构建多学科共融的学科基础，将地学、生态学、哲学美学、社会学知识等融入风景园林教学中，为转型期中国风景园林多学科综合教学的具体实施提供了有益的借鉴，从而促进学科间的交流。

林广思[13]、陈烨[14]、姜磊[15]等人从学科渗透的视角，提出将风景园林与建筑、规划进行一体考虑，并综述了课程组织中的教学方式及表现。张凯莉[16]分析了美术作品观摩与风景园林教学中实例分析的一致性与差异性。潘延宾[17]依据美术院校风景园林专业的学生特点，探讨了美术类高校园林植物学教学课程改革的方法和内容。丁绍刚[18]依据我国高等农林院校园林专业教学改革现状提出了亟须解决的问题：专业名称不统一，培养目标不明确；课程体系无统一标准；教学模式单一，实践环节薄弱；定性化的评价体系；师资力量较弱；学科性质不清。

2.1.3 基于国外风景园林教学模式探讨国内可实施的途径

国内对于国外现代风景园林专业教学体系方面做了大量研究，俞孔坚[19]、刘晓明[20, 21]、金云峰[22]等介绍了国外学校风景园林系的历史、教学体系、课程设置、教学资源等。刘娟娟等人[23]研究了美国华盛顿大学风景园林系副教授伊安·罗伯森在华中科技大学的"风景园林设计初步"课程教学改革，探讨出"体验—参与式教学模式"的课程教学方法，并分析其背后的学习心理学的理论和意义。但由于中外教育体制和风景园林专业发展阶段的巨大差异，其在专业学位体系和教学资源方面的参考价值不大，而其体现了专业教育本质与核心的课程体系，对当下我国风景园林教学体系的改革具有重要参考价值。

2.2 风景园林专业教学模式的问题

总体而言，风景园林是一门综合性较强的学科，涉及建筑、规划、美学、植物、土壤等学科知识，同时包括对人的行为、心理的研究。尽管中国风景园林专业与国外景观建筑设计专业有重叠之处，但从知识结构的时代性、学科领域涉及的广度、深度以及培养目标的专业化和课程设置的系统性等方面比较，我国的风景园林专业与国外景观建筑设计专业仍存在较大的差距。所以此类学生在对于方案设计中的空间营造、形式美学和综合的规划理念的研究中则表现出不足。我国风景园林专业教学模式的问题具体表现在以下四个方面：

（1）教学理念陈旧落后，缺乏科学性、创新性，不能与当代社会需求接轨

风景园林在我国作为一个专业开设的时间较晚，它起源于 1951 年由北京农学院（现中国农业大学）园艺系和清华大学营建系合办的造园科，至今，除了少数高等院校建立了较为完善的教学体系，大多数院校承袭了 20 世纪五六十年代的传统教学理念，而与国际现代概念的风景园林相距甚远。由于受到中国古典园林的深厚影响，对于风景园林专业课程知识传授的广度、深度仍不足，仍停留于形式、诗情画意和表面的生态设计的追求上，缺乏对资源环境保护利用和工程技术方面的深入研究，导致培养出的学生缺乏创造力和科学对待问题的能力，较难立足于日新月异的当代社会。

（2）教学模式单一，过于注重理论的灌输，而忽视设计实践能力的联合培养

当今风景园林的教学模式大多仍以传统教学为主，"以教师为中心"的单向灌输式理论课程难以调动学生的上课兴趣，造成课堂主动性、互动性与创新性的缺失，从而形成教师与学生之间难以逾越的沟通障碍；理论与设计实践课程的相对独立导致知识无法贯通、延伸，而当今大多实践性教学环节受时间、地域、资金及师资队伍等条件的限制，导致了实践教学质量下滑和知识结构不合理等一系列问题，并没有与理论知识进行良好的结合与互补。

（3）教学内容繁多，通而不专，培养目标不明确，专业口径过窄

由于风景园林专业涵盖的学科面广、内容庞杂、课时紧张，不同类型的院校依据自身资源条件以及对专业的认知理解，课程体系各有侧重，培养目标各不相同，从而导致培养出的学生专业口径过窄，远不能满足社会的综合性需求。中国风景园林学科最早始于农林院校的园林专业，此类毕业生掌握丰富的园林植物知识，在风景园林规划设计中的植物配置和生态保护等方面都有较大优势，但局限于农学学科的园林绿化；毕业于

工科院校的学生大多侧重于建筑规划，缺乏必要的植物配置知识，结果导致作品偏重于大面积铺装和小品等硬质景观；艺术类院校虽无风景园林专业，但开设的相关课程偏重于视觉审美与艺术形式，而对规划设计、园林工程和植物方面的知识了解不多。

（4）教学课程之间缺乏系统的衔接和整合

风景园林专业具有综合性、边缘性强的特点，风景园林专业课程内容繁多，各大类课程之间缺乏衔接，因此，课程的设置容易存在交叉、重叠及盲区的空白。风景园林专业分布于不同特色导向的院校，主要分为建筑规划类、植物配置类、环境艺术类、生态资源类、环境工程类、旅游管理类、心理学和社会学类，根据国际现代风景园林工程实践来看，一个合格的风景园林师应同时具备上述 3 个方面以上的知识[24]。而我国风景园林专业领域缺乏统一的基础知识标准，专业课程体系差异较大，缺乏系统性和统一性。

3. 解决思路

针对当今对复合型人才的社会需求和研究生具有"高层次"和"多元化"的特点，决定了研究生的课程教学宜采用讨论式教学的方式，对于了解学科前沿、吸取不同的学术观点、培养团队合作意识以及鼓励多学科交叉方面都有很大的作用，可以拓展学生的知识广度和深度、培养创新意识。

讨论式教学是以研讨形式为主，师生共同探讨原创性或集中性的研究成果，进行教学与研究相结合的教学活动，是风景园林专业教学的重要环节，兼具理论性与实践性。前期强调通过"以问题为中心"分组交流以形成思想碰撞，从而使参与的师生在有限的时间里提高学科知识和主动探究发现问题的能力；中后期通过"以项目为中心"的设计实践，实际运用理论知识，从而获得综合分析、解决实际社会问题的能力，最终以研究报告和答辩的形式分享探讨汇报成果。

3.1 讨论式教学

3.1.1 讨论课的组织形式

推行研究性教学模式必须改变传统以班建制的教学组织形式，一个班级接受同一教师有限的知识传授，导致学生缺乏自由选择的能力，从而使学生的学习积极性和主动性不强。讨论课中新型教学组织模式：（1）鼓励不同层次、不同学科的学生混合开班，鼓励选修专业选修课和其他学院的课程；（2）进行兴趣专题划分与团队组织，以兴趣小组为主，班级为辅，专题讨论式进行头脑风暴；（3）相同学习兴趣的学生聚集在同一方向的导师周围，组成"导师＋学生"的组织模式，将原来的被动"填鸭式"的学习转变为由兴趣主

导的主动式学习，开展定期的学术沙龙使学生养成思考问题的习惯；(4) 对不同的兴趣专题邀请名师开设讨论课，追踪学科研究热点。

新型的讨论课教学组织形式要求重组和整合师资队伍，将原来以行政关系为纽带的教研室组织模式变革为以学术研究兴趣与方向为联系的教授制专题研究团队，以知名教授为主导，以相同的学术研究兴趣与方向聚集若干名副教授、讲师、辅导员[5]，从而形成独具特色的专业科研梯队，这有利于师生、教师之间的沟通学习与合作，促进学科教学改革和良性发展。

3.1.2 讨论课的实施形式

(1) 课堂开放性发言

首先由教师向学生介绍和强调该课程的任务及对个人未来发展的意义，并对学生的个人专业知识背景和兴趣大致进行调查了解。教师讲授课题内容后，通过以问题为中心的教学形式提出与课程内容相关的问题，也可让学生发现问题并提出探讨，鼓励学生进行课堂互动，如师生问答、随堂讨论、专题研讨、拓展学习等。让学生在问题的提出与解决过程中获取探讨问题的方法和视角，帮助学生构建较为系统的知识框架。发言可从两个方面考核：一是阐述自己观点的清晰程度与深刻程度；二是在讨论具体问题时与其他人的沟通能力[25]。

(2) 专题讨论

专题讨论主要从学生个人兴趣出发，结合课程教学内容和学科前沿问题，根据兴趣小组划分专题。教师预先将前沿的文献阅读任务分配给各个子专题小组，进而由学生在课后研读和精炼总结专题内容后进行课堂讨论。教师作为主持人，引导学生发现问题—探讨问题—解决问题，最终对某个专题做一个系统的讲授和总结，必要时可通过分析实践案例来佐证。在教学过程中注重激发学生的学习及讨论兴趣，而非让讨论成为学生的学习负担。讨论课从学生对专题的深度挖掘和广度拓展两个方面考核，小组成员获得相同分数。

(3) 课后实践

课后实践主要是以项目为中心的教学方式，强调长期的、跨学科的、学生团队主导的实践活动。从基地考察和前期资料的收集和分析，到规划设计的反复修改和团队方案研讨合作，培养成员的沟通协作能力，鼓励团队成员分配不同角色，发挥各自的优势，最终由小组推选一人作为代表进行成果汇报分享。对项目的研究实践是在小范围内对社会研究进行初步实践性检验，以"studio"的形式来教学。转变学生的学习方式，倡导学生主动参与、乐于探究、勤于动手，培养学生搜集和处理信息的能力、获取新知识的能力、分析和解决问题的能力以及交流与合作的能力，达到合作学习的本质创新。通过建立教学实践基地，理论与实践相结合，让学生走出教室课堂，结合实际科研课题、社会实践课题进行课程设计、毕业设计，从而形成一个完整链式的项目课题研究，保证学生学习过程的完整性与连续性。

(4) 研究报告及答辩

通过前期、中期的理论与实践研究，在讨论交流与合作中进行思想碰撞，形成个人知识的内化，转化为解决实际问题的能力，最终又反馈到理论层面的研究，形成较为系统的知识结构。教师将指导学生研究报告的写作方法，并鼓励多种汇报方式，如PPT汇报、展板、动画、视频解说、模型制作等。研究报告和答辩由个人完成。在借鉴前人的基础上，该课程可以让学生对理论知识进行内化创新，培养学生独立思考的能力，激发学生的创造力。汇报结束后，鼓励学生进行质疑和讨论解答，形成紧张活跃的课堂气氛。

3.2 研究对象

以武汉大学城市设计学院2013级风景园林硕士研究生作为研究对象，学生来源于建筑、规划类院校的城市规划、艺术设计专业，综合类院校、农林院校的园林、园艺专业的不同届毕业生，不同的学生掌握了风景园林不同侧重的知识和技能。由于学生构成的多元化和知识储备的高层次，武汉大学风景园林系为适应我国现代化建设对高层次人才培养和学科建设的需要，在自身建规类专业为主导的教学资源及院校背景下，以统一的培养目标为教学基础，采取导师指导和专业方向小组集体培养相结合的培养方式，具体要求为：(1) 具有坚定的政治素养，培养良好的道德品质与学术修养；(2) 具备扎实的理论基础，掌握全面的专业知识和熟练专业技能；(3) 具有较强的创新能力，能解决风景园林规划与设计中不断出现的新问题，以及具备熟练的外语技能，同步更新国外专业理论信息；(4) 身心健康。同时，学院提出了三个研究方向：风景园林历史与理论、风景园林规划设计与理论、数字风景园林规划与管理，并制定了相应的培养方案（表1）。

类 别		课程名称		英文课程名称	学分	学时	开课学期	备注
学位课	公共必修课	中国特色社会主义理论与实践研究		Theory and Practice of Scientific Socialism	2	36	1	
		自然辩证法概论（理科用）／马克思主义与社会科学方法论（文科用）		Dialectics of Nature	1	18	1	
		第一外国语	硕士英语	First Foreign Language	2	72	1	
			博（硕）法语一外					
			博（硕）德语一外					
			博（硕）日语一外					
			博（硕）俄语一外					
	学科通开课	风景园林历史与理论		History and Theories of Landscape Architecture	2	36	1	
		景观生态规划原理与方法		Theory of Contemporary Urban Planning	2	36	1	
		信息技术及景观规划应用		Information Technology and Urban Planning	2	36	1	
		景观设计科学方法论		Scientific Methodology of Landscape Architecture	2	36	2	
	研究方向必修课			International Design Studio	2	36	3	①②③④
		专业课程教学实践		Practical Courses	2	36	1-3	①②③④
		现代景观规划理论与方法			2	36	2	①
		风景园林规划与设计		Planning & Design of Landscape Architecture	2	36	3	①
		近现代景观史		History of Modern Landscape				②
		东西方园林艺术		Chinese and Western Landscape Art	2	36	1	②
		地理信息科学		Geographical Information Science	2	36	1	③
		城市遥感原理与应用		Principle and Application of Urban Remote Sensing	2	36	1	③
	公共选修课	第二外国语	博（硕）英语二外	Second Foreign Language	2	72	1	
			硕士法语二外					
			硕士德语二外					
			硕士日语二外					
		体育		P.E	1	36		
		就业指导		Instruction of Career	1	36		
	专业选修课	景观文化研究		Cultural Landscape Studies	2	36	2	
		景观学理论		Frontiers in Urban Traffic Engineering	2	36	2	
		环境行为心理学		Environmental Behavior Psychology	2	36	2	
		定性定量分析方法		Qualitative and Quantitative Method	2	36	3	
		园林艺术与园林美学		Garden Art and Landscape Aesthetics	2	36	1	
		遗产保护规划		Heritage Protection Planning	2	36	2	
		植物应用与技术		Plant Applications and Technologies	2	36	1	
		自然保护规划		Conservation Planning	2	36	2	
		数字城市理论与方法		Principle and Methodology for Digital Cities	2	36	2	
补修课		景观规划与设计						
		风景园林规划与设计概论						
		城市地理信息系统		GIS				

资料来源：http://sud.whu.edu.cn/news/1276

3.3 教学模式

研究生讨论式教学主要从两个层面展开：一年级采用讨论式教学的专业课程，培养学生知识的广度；二年级采用讨论式教学的学术沙龙，培养学生独立思维、创新能力，挖掘知识的深度。

（1）讨论式教学专业课程主要是对学生基本学术素养的培养，为学生进入学术研究领域打下牢固的基础。以教师引导学生自主探究社会问题为研究的切入点，在社会需求的视角下，在日常生活中深入城市发现问题，培养学生具备社会问题敏锐洞察力的同时，掌握专业知识和技能的学习方法，并能将多学科领域中的知识进行实际运用。通过调查研讨、课程实践、专家咨询等方式，对教学进行科学性优化，并进行实践性检验，最终探究出一套凸显实效性的科学教学模式；以社会需求为中心，统领各门基础与相关课程，这既是课程体系的主要组织方式，也是重要的教学目标。

（2）学术沙龙主要是组织学生自主探究学科前沿发展问题，成立课题研讨组，进行长期的、阶段性的、成果性的研究讨论和汇报，学术沙龙更注重研讨和头脑风暴的过程，而并不是以研究成果为最终目的。作为知识储备较丰富、有一定学术研究基础的二年级研究生，在教师的组织引导下，对某个研究课题进行探讨。学术沙龙可以与社会中的实际项目相结合。在营利性项目中，既可以通过资金促进学术沙龙的长期举行，又可以激发学生的学习动力，有助于提高学生科研素养并为将来撰写学位论文奠定基础。

4.小结

基于复合型人才培养的风景园林专业教学模式，不仅有利于提升学生综合能力，成为具有核心竞争力、满足社会多方面需求的复合型人才，且有利于推动风景园林学科建设和教师人才培养。讨论式教学具有以下具体教学效果：

（1）针对风景园林专业教学的特点，以学生为主体，引导学生关注社会问题。培养学生自主学习、主动探究解决社会问题的方法，以"发现问题—主动探究—实际运用"为基础来构建社会需求型风景园林教育模式，培养复合型人才。在调查手段上，尝试通过角色模拟，研究学生的行为趋向。系统综合地培养学生观察问题、发现问题、分析问题、解决问题的能力，以风景园林的"实践"作为检验学生掌握和运用课堂理论知识的能力。同时在教学过程中，培养学生换位思考的能力，对规划立论的陈述能力以及对各方面综合要素的协调能力，并以此培养学生的职业素质和职业操守。强调风景园林师的社会责任，将风景园林与现代生活密切地结合起来，培养具有相应知识结构和文化素质的复合型风景园林专业人才。

（2）培养学生团队合作的精神，对形成学生健康的个性品质和心理素养具有很大帮助。在当今大多数学生为独生子女的情况下，容易以自我为中心，缺乏分享和与他人合作的意识，而讨论课中的团队协作有助于集体意识的形成，培养学习自主能力和社会适应能力。讨论式教学对思考点的研究不囿于师生教学行为，而是兼顾实物环境、心理规律等其他因素，探索适应复合型风景园林人才培养的教学模式。

（3）促使教师提升自身知识、技能和教学水平，并能与时俱进，潜移默化地推进风景园林教学模式的改革尝试。讨论式教学没有统一的教学书，因此讨论课上针对具有时代性社会问题的分析时，常常能打破课本的知识体系和知识范围，同时讨论的教学形式能丰富教师的知识量，学生的思维角度和搜集的资料，可能是教师从未涉及的新的知识点，教师能从中受益；另外，讨论课对教师自身的综合素质、教学能力、教学经验等提出了更高的要求，教师需要做大量的课前准备和资料查阅收集，并针对学生不同的知识背景选择合适的专题，把控课堂讨论的节奏和主题，激发学生学习兴趣，引导学生讨论、总结各方的观点，回应学生的质疑等，促进教师不断提升自身专业素养和教学能力。

讨论式教学贯穿风景园林专业研究生的三年培养期，该教学模式的推行有效地弥补了传统教学的不足，有利于多种教学资源的整合和多学科之间的交叉合作，有助于学生的学术能力、专业技能和综合素养的提升，培养符合社会需求的复合型人才。尽管目前风景园林专业教学存在教学理念缺乏时代性、学科涉及领域的广度与深度不足、培养目标不明确和课程设置缺乏系统性等问题，但随着社会发展、设计行业的整改以及专业人员大量的研究和实践探索，对于复合型人才培养必将得到社会和高校的更多重视，从而使风景园林专业讨论式教学可进一步大力推广实施。

（基金项目：湖北省教育厅人文社会科学研究项目，基于复合型人才培养的风景园林专业教学模式研究与实践，项目编号：13g02；湖北省教育科学"十二五"规划2013年度立项课题，风景园林专业拔尖创新人才培养的国际比较研究，课题编号：2013B007）

注释：

[1] 辛涛，黄宁.高校复合型人才的评价框架与特点 [J].清华大学教育研究，2008 (3)．
[2] 俞孔坚.从世界园林专业发展的三个阶段看中国园林专业所面临的挑战和机遇 [J].中国园林，1998 (1)．
[3] 黄清平，王晓俊.略论 Landscape 一词释义与翻译 [J].世界林业研究，1999 (1)：74—77.
[4] 王晓俊.LANDSCAPE ARCHITECTHUR 是"景观/风景建筑学"吗 [J].中国园林，1999 (6)：46—48.
[5] 刘拥春，许先升.风景园林本科专业研究性教学体系的建构 [J].中国园林，2010 (2)：74—77.
[6] 吉佩佩，张秀省，于守超.基于产学研模式下风景园林专业硕士研究生的培养 [J].安徽农业科学，2014 (33)：12001—12002，12004.
[7] 金煜，王刚，张智，司劝劲，马艳丽.风景园林专业"工作室"制教学模式研究 [J].安徽农业科学，2015 (12)：321—333.

[8] 王玏．风景园林规划设计 studio 课程教学研究探讨——以武汉后湖公园规划设计课程为例 [J]．安徽农业科学，2015 (8)：191-192，239．

[9] 贺坤，赵扬，董雷雷．"五位一体"的《风景园林》课程教学改革研究 [J]．黑龙江农业科学，2012 (9)：119-121．

[10] 朱颖．风景园林专业多学科综合教学探索 [J]．高等建筑教育，2012 (6)：43-45．

[11] 王紫雯，叶青．景观概念的拓展与跨学科景观研究的发展趋势 [J]．自然辩证法通讯，2007 (3)：90-95．

[12] 李睿煊，李香会．跨界·融合·创新——美国风景园林跨学科教育模式探究与借鉴 [J]．美术大观，2014 (10)：136-137．

[13] 林广思．关于规划设计主导的风景园林教学评述 [J]．中国园林，2009 (11)：59-62．

[14] 陈烨．基于知识点的风景园林建筑教育框架研究——以东南大学风景园林专业学位硕士研究生教育为例 [J]．中国园林，2015 (2)：101-105．

[15] 姜磊．风景园林专业与建筑学专业应相互渗透 [J]．广东园林，2013 (4)：4-6．

[16] 张凯莉．从美术作品的观摩反观风景园林教学中的实例分析 [J]．中国林业教育，2008 (5)：15-17．

[17] 潘延宾．美术院校风景园林专业"园林植物学"课程改革探讨——以湖北美术学院风景园林专业为例 [J]．绿色科技，2015 (5)：323-324，328．

[18] 丁绍刚．我国高等农林院校园林专业的现状与教育教学改革初探 [J]．中国园林，2001 (4)：15-17．

[19] 俞孔坚．哈佛大学景观规划设计专业教学体系 [J]．建筑学报，1998 (2)：58-62．

[20] 刘晓明．论美国哈佛大学风景园林硕士学位的教学工作 [J]．风景园林，2006 (5)：16-19．

[21] 刘晓明．论美国哈佛大学风景园林学科的发展 [J]．中国园林，2006 (12)：1-4．

[22] 金云峰，简圣贤．美国宾夕法尼亚大学风景园林系课程体系 [J]．中国园林，2011 (2)：6-11．

[23] 刘娟娟，孙靓，李保峰．走向体验—参与式教学模式"风景园林设计初步"改革尝试 [J]．中国园林，2015 (31)：33-37．

[24] 周卫生．中外园林专业概况及国内专业的就业前景 [J]．广东农业科学 2011 (4)：222-224．

[25] 王昌达．卡尔顿大学研究生教育中的讨论课及启示 [J]．高校教育管理，2008 (1)：88-91．

[26] 陈景文，刘洁．研究生课程的"研讨式"教学方式 [J]．高等教育研究学报，2008 (1)：55-57．

[27] 谢美华，张增辉．探究式教学在研究生课程教学中的实践 [J]．高等教育研究学报，2011 (2)：61-63．

[28] 倪志梅．从高校复合型人才培养看人才培养模式的改革 [J]．教育与职业，2012 (9)：27-28．

[29] 贺俊英．拓宽专业口径培养复合型人才 [J]．江苏高教，2005 (6)：93-94．

[30] 李晏．高校讨论课教学的具体运用研究 [J]．新余学院学报，2015 (1)：148-150．

作者:周燕,武汉大学城市设计学院风景园林系　副教授,硕士生导师;王江萍,武汉大学城市设计学院风景园林系　系主任,教授,博导

塞外春光满，寒地亦飞花

——中外园林史课程改革的尝试

张健

The Attempts of the History of Chinese and Foreign Gardens Curriculum Reform

■摘要：文章介绍了中外园林史课程考试改革的内容和具体实施方法，即增加平时作业成绩考核，弱化期末考试；通过丰富平时作业成果的内容及表达方式，来提高学生的学习兴趣，拓展相关的知识层面，增强他们的自主学习能力、动手能力，并形成学生之间自主学习和相互学习的氛围。

■关键词：中外园林史 考试改革 平时作业 知识拓展

Abstract：This paper introduces the contents and implementation methods of the reform of examination on the history of Chinese and foreign gardens curriculum．That is to increase the performance evaluations of daily assignments and weaken final exams．And we can also rich the content and expression of daily assignments and expression to improve students´ interests in learning，developing relevant knowledge level，enhancing their self—learning ability and practical ability，and formatting the independent of learning among students and the atmosphere of mutual learning．

Key words：the History of Chinese and Foreign Gardens；Examination Reform；Daily Assignments；Knowledge Expansion

在风景园林学科中，传统的史学课程多是以课堂讲述为主，园林史课程也是如此。中外园林史是风景园林专业的必修课程之一，是本专业学生必须了解和掌握的学科基础课程，但传统的课堂讲述与期末考试的模式，对教学效果提升作用不大。作为东北地区的高校，与其他地区，特别是江浙地区的高校相比，我校（沈阳建筑大学）在这类课程的教学方面存在很多劣势。譬如，在古典园林的实地考察方面就存在许多困难，无法像江浙地区高校那样让学生去参观真正的古典园林，进行理论与实践相结合的教学。诸如此类的问题曾困扰我校师生较长时间。为解决这一困扰，从2012春季学期开始，我校开始通过平时的自学内容及课后作业，让学生开阔视野，对这类问题自行解决。教师方面，则在传统的课堂教学方式、师生互动参与和期末考核方法等方面进行了一些改革，在提高这门课程的课堂教学效果的同时，增加学生的自学能力，提升学生的学习兴趣，拓展学生相关的知识面，让学生积累专业方面的修养。从近几年的教学成果可以看出，自开始施行园林史课程考试改革以来，效果颇为显著，学生的学习兴趣增加了，相关知识面得到了扩展，而课程整体成绩也得到了较大的提升。

一、明确教学目标，注重平时作业内容和考核

园林史教学内容庞杂，学生不容易掌握知识要点和学习重点。作为教师，除去在课堂讲述时要强调重点外，就是在平时的课外作业的安排上对相关内容进行要求。传统对讲述课程的考核方式，大多是以期末考试的一次成绩作为最终考核结果，这样的做法容易造成学生"平时上课不认真，期末考试搞突击"的情况，而形成的教学效果也难尽人意。鉴于这种情况，作为园林史课程的教师，除了将课程内容尽量安排得丰富多彩、引人入胜之外，还要想方设法将平时的课程内容与自学内容有机结合，让学生乐于接受和易于消化。有鉴于此，我们在课程考核的方式方法上进行了改革，将以往的"一考定终身"的做法，改成了将平时作业成绩计入期末考核的方式。通过平时多种类型的课后作业，可以让学生既消化了课堂上的理论知识，又可以通过完成课后作业的方式，进行更多的自主学习，并掌握更多的园林史相关知识。例如，通过对中外名园平、立、剖面的抄绘，加强对经典园林平面的理解；通过对某一古典园林空间的深入分析，加强对经典景观空间构成的学习；通过模仿古典园林布局，形成具有古典园林意趣的相关设计方案等。通过几年的探索尝试和对一些经验和成果的总结，这种教学方式被师生广为接受，取得了较好的教学效果。

中外园林史课程考核内容　　　　　　　　　　　　　　　表1

考核内容	平时考核					期末考核
	PPT（自学内容）	中国古代诗书画赏析	古典园林抄绘	园林模型制作	课程总结论文	期末考试
权重	10%	10%	10%	10%	10%	50%

园林史的课程考核内容分成两大部分（表1）。一是作为必修课不可缺少的期末考试内容，虽在整体分值比例上仅占50%，但其考核内容综合全面，可以全方位考查学生的学习情况，因此必不可少，并依旧重要。二是平时的作业成绩，共由4～5项内容组成，包括日常出勤表现、古代诗文及书画赏析、园林景观临摹或抄绘、PPT制作、自定题目小论文等多项涵盖中国古典园林艺术和外国园林艺术的内容。这些作业内容虽然大多相对简单而有趣，但需要通过自学和查找很多资料才能顺利完成。这种方式既丰富了学生们对相关知识的认识和了解，拓展了知识层面，同时也以此锻炼了学生的自主学习能力。学生的学习兴趣增加后，考试整体成绩有所提高，教学效果更是得到了显著提升。

二、从诗书画赏析入手，培养学生的中国传统文化素养

中国的传统文化博大精深，古典诗词、书画艺术对园林艺术的影响深远悠长，这也是中国古典园林的意蕴和境界的所依根源。但是，课堂上的时间毕竟有限，很多相关知识内容因时间关系无法在课堂上详尽讲述，需要学生依靠自学掌握了解。因此，就将这部分内容作为平时的课后作业布置给学生，并将作业成绩计入最后的综合考核结果（图1）。

图1　部分学生的"诗书画赏析"作业成果

该作业的内容相对自由，其中，中国古代诗书画赏析的对象一般由学生自由选择。从近几年的作业内容来看，学生自选的赏析内容大多集中在魏晋南北朝、唐、宋时期，涵盖了魏晋书法、唐诗宋词、历代名画等多个方面。从王羲之的书法到吴道子的绘画，从王勃的《滕王阁序》到王维的辋川别业，从张择端的《清明上河图》到李清照的婉约词风，博大精深的中国传统文化被学生们纳入自己的课后作业中来。通过欣赏历代著名的诗书画作品，结合课堂上讲授的中国古典园林历史与理论，并与园林中的景观形象和山水文化对比学习，学生们在这其中体会和领略到更多的中国古典园林文化的内涵与精髓，同时他们的传统文化素养得到培养。

这项作业的成果不拘泥于固定格式，可以是自命题小论文，可以是书法绘画作品，可以是诗配画或者画配诗，也可以是简短的PPT，甚至是学生自己登台即兴演讲，只要能够将学习的心得体会表达出来即可（图1）。这种课后作业的形式很受欢迎，每次进行作业讲评时学生们都踊跃参与，课堂气氛十分活跃，形成了轻松活跃的教学氛围，也取得了良好的教学效果。

三、临摹西方古典园林平面与透视，深入体会西方园林文化

在西方的古典园林中，规则式园林占有主导地位，是西方园林文化的代表形式。对于西方园林的学习，仅仅通过课堂上教师的讲述是不够的，还需要学生自学相关的知识内容加深了解体会，因此，通过安排对西方古典园林临摹和抄绘的作业，来引导学生进行这方面的自主学习。

为了不增加学生的负担，对于抄绘作业的要求很简单，即自选一处西方古典园林，抄绘其总平面和部分园林透视，并就这处园林景观进行介绍和说明。从学生们的作业来看，选择的内容也是相当丰富，既有古罗马时期的庄园，也有中世纪的园林，而大多数同学选择的是文艺复兴之后

相对复杂的巴洛克式园林。由此也可以看出，学生们对这项作业有着浓郁的兴趣。而在对作业的文字介绍和说明方面，要求学生们对该处园林的历史背景和特色景观予以详细说明，目的是体会其中园林景观形成的美学形象和表达方式，使学生们能够更加深入地理解其景观形象所代表的历史背景、文化精神和思想内涵，从历史与文化的角度认识和了解西方的园林文化（图2）。

这项作业的成果形式要求是，除了每人的抄绘图纸和文字说明内容之外，还以小组为单位制作PPT，用于介绍作业中所涉及的西方古典园林，并在课堂上进行展示，既提高了学生的学习兴趣，也起到了对课堂理论教学的补充作用，具有一举多得的效果。

四、结合景观设计与模型制作，体会古典园林景观的空间与形象

园林史的教学大多以理论讲授形式为主，学生们看到的图像也大多是二维的手绘图片和照片，尽管现在可以找到一些相关视频作为辅助教学资料，但对于学生来说，园林景观三维空间的体会还是不够直观。有鉴于此，我们尝试将本课程的部分作业内容与景观设计课程、建筑模型课程相结合，通过进行古典园林风格的园林方案设计，对局部节点进行模型制作，进一步深化学生们对中外古典园林的景观形象与空间构成的认识和理解（图3）。

这项作业的内容要求是，自选一处具有代表性的中国古典园林或西方古典园林，既可以是整座园林，也可以是具有代表性的园林局部，以此为模本，结合设计课程和建筑模型课程的教学，进行模仿设计和园林景观模型制作（图4）。学生作业的选择模本有中国的古典园林网师园、留园、拙政园等，也有外国的泰姬陵、凡尔赛宫苑等。考虑到学生们的课业负担，曾建议学生们对这项作业可以自由选择做或不做，并不计入考核分数，但学生们还是兴致盎然，积极地参与并很好地完

图2 西方古典园林抄绘

图3 古典园林意向设计

图4 古典园林假山模型作业成果

成了这项作业。

由于制作时间有限和节约成本等原因，这些作业的成果相对比较粗糙，但绝大多数同学认为，通过这项课后作业，对中西方的古典园林的空间构成和景观特点确实有了更加深入的了解，比只看书本和抄绘平面图印象更加深刻和鲜明。

五、以小论文的形式进行课程综述和总结，培养学生的归纳总结能力

中外园林史课程的内容多而杂，在期末复习时，很多学生对于已学过的内容感到混乱和茫然，不知如何归纳整理。这种情况下，除了由教师帮助同学进行梳理复习之外，也通过课后的论文作业形式，培养学生的自学能力和对知识的归纳总结能力。

这项作业也被称作"结课总结"论文，一般安排在临近课程结束的前两周。在这个时段，课程已临近结束，学生们对中外园林的发展历史已有了概括的了解，可以从横向上进行对比研究学习。因此，这项作业的内容要求学生对同一时期的中国古典园林和西方古典园林进行对比，从各自的时代历史背景、文化传统、艺术风格、审美思想，甚至是园主人的情趣爱好等方面入手，将园林的平面布局、景观形象、建筑风格、地形地貌、植物组景等逐一进行对比研究，总结出其种种的园林特点和景观异同之处，并试着分析其各自特点产生的原因，从而令学生能够自己主动了解和掌握中外园林史和相关知识，并有助于培养他们对理论知识内容进行归纳和总结的能力。

从论文作业的成果来看，学生们的作业是非常认真的，涉及的内容也很丰富：有写中外皇家园林对比的"避暑山庄与凡尔赛""哈德良别墅与大明宫"；有写中西方私家园林对比的"意大利台地园与明清私家园林""苏州园林与英国风景园"；也有写中外寺观园林对比的"中国的寺观园林与西方的修道院园林"等。学生们的课业

论文的内容和文笔虽然稚嫩，但也能看出他们对这项作业的认真程度，以及对园林史课程的浓厚学习兴趣。

六、借助PPT形式展示作业，方便同学之间的交流学习

为了方便同学之间的交流与学习，除了模型作业之外，以上的大部分作业成果要求另外再做成PPT格式，以便进行作业讲评时可以公开演示。考虑到作业讲评的课时有限，无法让每个同学都来自行演示和说明各自的作业成果，于是让学生自行组合成几个小组，将组内同学的作业统一做成一个PPT课件，并自选主持人来进行演示，这样既节约了课堂上的时间，也可以很好地将同类作业进行比较，让学生自主品评作业成果；同时也可发挥部分同学口才方面的特长，使得课堂气氛十分活跃、生动。

对PPT课件制作的要求相对简单，例如，如果是论文，就剪辑成PDF的形式进行演示；如果是模型，就用拍的照片来演示；设计图纸则需扫描成为图片后演示。而同学们课下查询到的一些有趣的园林史知识也可以作为作业的补充内容，在作业讲评课上进行展示，达到知识共享的目的。

学生们通过有趣的自我学习和相互学习，对中外园林史的相关知识内容有了更加深入的掌握和了解。而对于教师来说，通过巧妙安排学生课后作业的内容，使学生主动参与到课堂教学中来，既丰富了教学内容，活跃了课堂气氛，同时又能够有效控制教学节奏，提升教学效率，自然收到良好的教学效果。

七、结语

中外园林史课程改革自2012年春季学期开始，至今已进行了三年多的时间。在这三年多的时间里，园林史教学组对于该课程平时成绩考核的方法、课后作业的内容、学生的接受程度、作

业完成质量等方面都进行了多次的研究和尝试，最终形成了现在的课程考核体系和考核方法。通过几年教学实践，收获的既有经验，也有教训，也发现了很多不足之处。总的来说，课程改革成果是非常显著的，学生的学习兴趣明显提升，对本课程知识理论的掌握度也较以往更好。本次课程改革的成功尝试使老师们受到了极大的鼓舞，信心满满。

塞外春光满，寒地亦飞花。相信通过师生的共同努力，东北地区高校的园林专业教学研究，会如诗中所描绘的景色一样，形成独具特色的风景，并结出丰硕成果。

参考文献：

[1] 刘志强，洪亘伟.风景园林专业创新设计人才培养探讨 [J].高等建筑教育，2014 (05) .

[2] 卞素萍.工科大学生实践能力培养研究 [J].中国建设教育，2014 (05) .

[3] 刘立柱，王刚.本科生教学内容和教学方法改革的探索与实践 // 中国电子教育学会高教分会 2009 年论文集 [A].

[4] 李东生.创新人才培养的探索与实践 //2011 年全国高校学生工作年会论文集 [A].

[5] 刘俊学，吕明娥，王小兵.再论高等教育服务及其主要特征 [J].江苏高教，2008 (06) .

[6] 詹婉华，刘艺，肖金香.高等教育服务质量观评析 [J].江苏高教，2010 (03) .

 作者：张健，沈阳建筑大学建筑与规划学院景观系　副教授

风景园林专业园林工程学教学改革思考与探索

——以昆明理工大学风景园林专业为例

施卫省　刘海明

The Exploration and Thinking of Teaching Reform on Landscape Engineering of Landscape Architecture Engineering

■摘要：针对园林工程学课程教学特点和园林企业存在的问题，本文提出树立工程教学理念，建立园林工程三大理论构架，实现教学理念的三大转换，达到激发学生学习的积极性和培养创新能力的目的，为风景园林学科的发展做出贡献。

■关键词：园林工程学　教学改革　探索

Abstract：According to the characteristics of the landscape engineering course teaching and the problems of the landscape enterprises，the idea of engineering teaching was be sets up and the three theoretical framework on landscape engineering wsa established and the idea of three transformation of teaching was achieving in this paper．In the end，the enthusiasm of the student active learning was stimulated which can contribute to the development of landscape architecture engineering．

Key words：Landscape Architecture Engineering；Teaching Reform；Exploration of Teaching

　　园林工程学课程作为风景园林专业的专业必修课程，主要内容是园林工程施工技术和工程施工设计。该课程具有实践性强、综合性复杂的特点，因此给教师的讲授和学生的课堂学习方面都带来一定的困难。同时，随着社会发展以及园林城市的建设、现代园林工程施工工艺和技术的快速发展，也给园林工程学课程的教学带来了新的挑战[1，2]。

　　从已有的教学研究成果看[3-8]，相关人员已经从园林工程学的课程定位、教学手段、教学方法等方面进行了讨论。但对园林工程学课程教学理念的相关讨论较少。本文在"创新"理念指导下，依据园林工程学教学的内容和特点，探讨园林工程学教学改革的思路，目的在于提高教学水平和学生的创新能力。

一、园林工程学课程性质、任务和存在的问题

1. 园林工程学课程的性质

园林工程学是风景园林专业重要的专业基础课程，主要包括土方工程、给排水工程、

水景工程、园路工程、种植工程等内容。通过该课程的教学，旨在使学生掌握工程施工技术、工程施工原理和施工基本方法，了解园林工程施工工艺的发展动态、了解工程质量标准和验收规范，为园林建造师的培养奠定一定的基础。园林工程学作为典型的应用型课程，具有以下特点：①综合性强，教学内容涉及面广，涉及建筑学、工程土壤学、生态学、生物学、美学、区域规划、电学等知识；②工程性和实践性强，要求学生具有一定的实际操作能力；③由于科学技术的发展，新材料、新技术的应用推广，施工工艺更新较快。

2．园林工程学课程的任务

根据高校人才培养目标，风景园林专业面向的核心职业有几大类：①景观设计师，包括景观规划与设计、景观效果图制作；②园林建造师，包括园林工程设计、园林工程造价；③花卉园艺师，包括园艺种植设计、绿化工程规划、植物生态设计。

3．园林工程施工管理存在的问题

对园林施工企业不断的走访与调查，发现企业在园林施工方面存在以下问题[9]：①施工过程随意性大，园林工程没有健全的施工指导性文件。在植物品种规划上随意安置，造成园林工程景观效果不理想；②在工程施工中，只考虑植被的覆盖率，忽略植物生长特点和规律，使得植物的成活率大受影响。

二、园林工程学理论教学改革

1．树立园林工程学工程教学的理念

园林工程教学的重点是引导学生从自然生态学的观点出发，克服传统自然环境因素的限制，设计与实现具有超前性的风景园林工程。完善土方工程、给排水工程、水景工程、园林建筑工程、园路工程、种植工程等整体性的园林工程知识构架，为风景园林专业的规划与设计提供有效的技术支撑，为园林建造师的培养奠定一定的基础。

树立工程教学的理念，将工程教学观贯穿在整个教学过程中，不能只重视理论教学，而忽视工程理念的培养。树立工程教学的理念，是建立在自然环境因素之上，是运用风景园林工程施工手段去认识环境，去改造环境。没有工程观的园林建造师，则无法创造性地解决山、水、园、林、路、园林建筑六大要素规划问题，只有以培养学生合理的工程观为主线，并将其看成是风景园林专业教学整体性的重要组成，才能培养出未来合格的、健全的园林建造师。

园林工程对于园林建筑来说，涉及安全性的内容也比较多，因此，施工图必须满足公共利益、公共安全的要求，要符合《工程建设标准强制性条文》[10]中风景园林工程的强制性条文和风景园林行业标准规范中强制性条文的规定。

2．建立园林工程三大理论教学构架

园林工程或风景园林工程的内容庞杂，既有基本的理论和知识需要讲授，也有构造节点绘制和场地施工实务分析。因而，园林工程课程教学的重点是通过对园林工程原理和方法的讲解，让学生掌握地形景观营造、道路景观布局、水体景观构建、生态景观重塑、新材料景观应用的工程技术。

园林工程或风景园林工程理论教学的知识构架可以从以下几个方面讲授：首先，强调自然环境条件，分析自然环境，理解工程要素（如现有的山、水、林、路、建筑）；其次，强调园区布局与规划，熟悉园林设计师的基本技能；再次，强调施工组织形式，从场地、材料准备、施工到日常管理的整体运营，达到降低成本的目的。

3．实施园林工程理论教学的几大转换

园林工程或风景园林工程的教学难点还在于尺度的跨越，通过对新材料景观应用的解读与选择去衡量材料在美学和景观功能方面的需求，既要掌握园林建筑构造节点，又要从宏观的尺度重建山、水、林、路、建筑、植物这些自然环境。因此，必须做到以下几个层次的转换：

以"自然环境因素"向工程实施转换，使学生通过实地调研、观察、分析，了解各种自然环境因素与要素成风景园林工程的转换，实现学生应用和设计能力与自然环境因素之间的转换；以"工程场地构建"向工程规划转换，使学生现场勘察、设计绘制图纸，加深对园林工程课程的理解；以"新材料"向工程应用转换，使学生了解新材料、新的植物品种如何形成景观及其变化的多样性。

三、园林工程学实践教学过程及其探索

1．园林工程实例分析，实现工程场地构建向工程规划的转换

地形设计是园林工程学的主要内容，地形设计要遵循顺应自然环境因素的原则，并能充分利用原有地形要素，最大程度地减少土方工程量运输，降低工程成本。同时，因势利导地安排景点内容，如山、水、园、林、路、园林建筑等。在实践教学中，选择"昆明市新建的捞鱼河湿地公园"和"昆明市著名的大观公园"2个公园的地形图（图1），组织学生进行讨论，分析并总结案例在地形设计的特色。

两个公园都在滇池边修建，"大观公园"有其著名的园林建筑——大观楼，成为最著名的历史性公园（图2）；"昆明市新建的捞鱼河湿地公园"也修建了供人们游玩的园桥（图3），使湿地公园的景观要素展现在游人的视线里。它们在自然地形因

素的规划与利用方面各有特色，形成鲜明的对比。

参观学习后，要求学生设计出自己的"湿地公园地形设计"方案，进行"比选"，提高其对园林工程学学习的积极性。

2．园林工程综合实习，实现自然环境因素向工程实施转换

在园林工程学课程教学学时完成后，进行综合实习教学，通过给定特定的地形要素，快速训练学生的设计与规划水平，检查学生能否熟练掌握并运用地形设计、园路、水体、园林建筑、乡土植物栽植种类等景观要素的基本设计方法，解决自然环境因素中出现的具体问题，并学会采取相应的工程办法来完成设计目标，为探究式学习提供保障。图4为学生参与并完成的安宁市宁湖湿地公园的规划图与鸟瞰图；图5为安宁市宁湖湿地公园水系图。

3．园林工程综合实习，夯实工程施工图基础

目前，园林工程施工图内容和规范在全国、地方都无统一的标准作为参照，有的企业参照地方标准进行施工。为了夯实工程基础，体现工程的规范性、强制性的原则，在实习中，分组进行施工图的制图练习，加强学生对园林建筑工程施工图规范性、强制性标准的掌握（图6）。

图1　大观公园与捞鱼河湿地公园地理位置图

图2　大观公园平面图和著名的大观楼

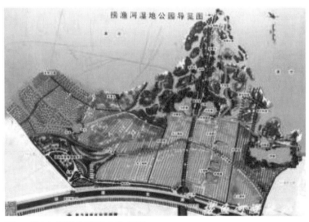

图3　捞鱼河湿地公园平面图与园桥

图4　安宁市宁湖湿地公园平面图与鸟瞰图

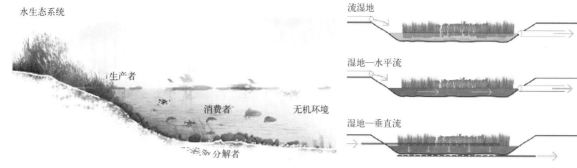

图 5　安宁市宁湖湿地公园水系图

图 6　学生分组进行园林建筑的施工图实训

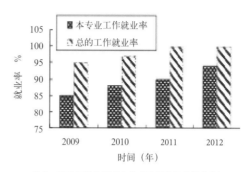

图 7　近几年学生从事本专业和其他工作就业率

四、改革的效果

如图 7 所示，通过近几年的园林工程教学与综合实践的探索，风景园林专业的毕业生不仅在生物知识方面掌握了植物的生态设计和快繁快育，而且在工程方面掌握了工程施工技术，就业率逐年提高。如 2009 级毕业生从事本专业工作的只有 85%，2012 级的该比例就达到 95%，增长了 10%。其中，广东恒大园林工程公司对昆明理工大学风景园林专业的学生评价较好。

五、结语

古人云："见微知著"。在该课程设计中，树立园林工程学工程教学的理念，建立园林工程三大理论构架，实施园林工程教学理念的三大转换，加强园林工程综合实训，使学生能够熟练掌握园林工程各项技能与技术水平，并形成风景园林科学独立的逻辑思维，为风景园林学科的发展做出贡献。

（基金项目：昆明理工大学学科方向团队项目，项目编号：201328；建筑与城市规划学院创新团队项目，项目编号：201709）

注释：

[1] 江燕辉 . 园林工程施工管理中存在的问题及其对策 [J]. 广东科技，2014，23（3）：8–18.

[2] 汤小凝 . 浅谈土木工程施工技术教学问题及解决对策 [J]. 山西建筑，2007，33（20）：222–223.

[3] 吴强 . 土木工程施工课程教学思考 [J]. 高等建筑教育，2005，14（3）：54–56.

[4] 马志成 . 探究性学习的驱动力 [J]. 比较教育研究，2004（7）：23–27.

[5] 陈捷 . 园林工程施工管理中存在的问题及探讨 [J]. 中国园艺文摘，2011，27（11）：77–79.

[6] 吕小彪，邹贻权，徐俊 . 结合建筑设计课程的建筑构造教学探讨 [J]. 高等建筑教育，2011（2）：86–88.

[7] 石岩 . 体验式教学模式在"土木工程施工与管理"课程中的应用效果研究 [J]. 科教文汇，2014（19）：67–69.

[8] 刘超群 . 土木工程施工仿真游戏型教学软件的设计与开发 [J]. 中国职业技术教育，2013（26）：30–32.

[9] 廖堂贵 . 园林施工过程中存在的问题及对策 [J]. 现代园艺，2014（8）：20–21.

[10] 工程建设标准强制性条文 (M)．北京：中国建筑工业出版社，2002.

作者：施卫省，昆明理工大学建筑与城市规划学院　教授；刘海明，昆明理工大学现代农业工程学院

风景园林学教学中的城市设计方法应用探讨

——以城市景观设计课程教学为例

董禹　董慰　谭卓琳

Study on Applying the Urban Design Methods into Teaching Landscape Architecture: Taking Urban Landscape Architecture Design Course as an Example

■摘要：风景园林学是一门建立在广泛的自然科学和人文艺术学科基础上的学科，综合性较强。面对理论和实践的诸多分歧，风景园林学科还没有建立起一套成熟的教学体系。以城市景观设计课程教学为依托，通过对城市设计学科研究方法的解读和借鉴，实现设计中协调人居环境与自然环境的关系的目标，以期能够对补充和完善风景园林学教学体系起到促进作用。

■关键词：城市景观　城市设计　设计课程　设计方法

Abstract：Landscape Architecture is a subject built on the basis of a wide range of natural sciences and humanities，integrated many other disciplines.Facing many differences between theory and practice，landscape architecture has not yet established a sophisticated teaching system.This article takes urban landscape design course for instances，through learning the urban design research methods，achieving the coordination between built environment and nature，and this maybe can improve our Landscape Architecture education system．

Key words：Urban Landscape；Urban Design；Design Course；Design Method

引言

现今，大多设有建筑学科、农林学科、艺术学科的高等院校已经开设了风景园林学课程，开课的范围也从研究生渗透到本科生、专科生及职业教育等方面。风景园林学教育已经获得了一定程度的普及，但面对学科理论研究和实践的诸多分歧，风景园林学科还没有建立起一套成熟的教学体系。因此，通过对在我国已经拥有多年理论和实践经验的城市设计学科研究方法的解读和借鉴，可能对补充和完善风景园林学教学体系起到促进作用。

1　城市景观设计课程概述

城市公共空间是城市景观设计的主要对象，是城市公共生活的重要场所，也是研究城市生态环境的最佳场所。为加强学生对于城市景观领域的设计思想、方法与价值评判的理解与把握，特别是综合解决自然生态、社会生活、空间形态等景观问题的能力，课程选择城市建成区范围内具备探索景观设计问题的典型地段，要求学生在分析基地的生态、社会等状况的基础上，从景观设计的角度出发，提出地段的景观设计概念与方案。

城市景观系统不断发生着变化，这些变化极大地影响着城市生活的质量，包括生活质量中的视觉及感觉元素。城市景观设计课程就是要训练学生去了解和影响这些变化，以便在设计中实现城市景观质量的持续提高。

课程强调设计分析过程，以及解决问题的方法、步骤和程序，而不只是方案形态的最终效果展示。在整个课程设计过程中，通过运用城市设计学科研究中的一些方法，能够为学生提供针对基地条件的、有效的设计研究思路，也可以论证设计方案的可行性。

2 基地调研方法

2.1 背景分析

今天的城市景观都在经历着不同的发展阶段：生长、萎缩、进步、倒退。这些变化并不是偶然发生的，而是城市景观系统经过长期发展的结果。基地调研过程中，可以把人类的健康和城市景观进程加以对比，从而帮助学生分析城市景观的发展。人体包含着诸如呼吸系统、循环系统这样的一些子系统。为了保持健康，医生经常在检测这些系统：它们发生了哪些变化？变化的原因是什么？还会发生什么变化？这些被称为：症状、诊断、处方。研究城市景观进程的时候，也要教会学生确定城市景观的症状，并做出诊断、开具处方（表1）。

2.2 地段踏勘

地段踏勘是进行基地分析的一项重要先期工作，虽然只是对地段的一个初步了解和评估，但却能为展开分析提供大量关键的信息，尤其能为城市景观系统发展过程的分析提供有用数据。

学生能够找到一些表明设计场地当前和未来发展的线索，这些线索应该在图纸上进行标记。例如，地段的自然特征（地形、水系、日照和风等主要特征）和其与街区、城市的联系；场地中的微气候与植物、水体和建筑物之间的联系。通过分析这些因素，能够了解场地中动植物群落的演替、使用者的活动模式的影响作用，这些数据能决定基地未来可能发展和演变的功能。

在分析的基础上，评估所看到的基地的自然要素、空间质量、社会活动的变化潜力，以及基地未来需要实现的发展变化结果。比较不同设计方案的可能性，并选出最主要的设计机会。学生的分析应该首先来源于对于基地的观察，以及与基地周围人们的访谈。

2.3 图示表达

完成现场踏勘之后，学生需要在图纸上记录他们的观察成果。通过现场调研，把基地中各种复杂的、综合的关系，通过一定的文字、图形和模型表达出来。一般的图解语言并没有严格的绘图形式，每一个学生都可根据自己的习惯和理解运用和创造各种形式的图解符号。但要让学生了解一些为大家所共识的约定俗成的符号（表达一种固定的含义），以方便交流。

课程调研作业要求学生展示对地段的描述（图片、手绘图、区位图），文字叙述为什么相信这块地段存在这样的设计机会（环境质量、变化潜力、变化结果），分析图的绘制必须同时完成以下两个过程，即内在过程和外在过程两个部分。内在过程即分析的内容，从认识、分析、提取、抽象进入表达；外在过程则是分析的语言，从事物、关系、要素、符号直至形象。要分析基地景观问题的不同方面，将这些不同的分析总结形成一个专业的报告，让学生在实地调研中去理解理论知识，引发对理论的批判性思考。

3 空间研究方法

3.1 空间限定

不同的空间能给人截然不同的空间感受，广场与街道虽然可能相互连接，但却是两个完全不同的空间实体。

在这部分分析中，学生需要分析基地中的不同空间：是什么使它们被分类认知？什么是好的空间限定？学生可以通过绘制图底关系图对基地进行图底分析，帮助他们来识别空间。教授学生用适当比例的图底关系图识别不同的空间，包括它们的位置、形态和尺度。通过图底翻转，重新认识实体与空间的关系。分析这些空间，就能得出它们是具有较强的限定还是模糊的限定（图1）。

| 基地背景分析方法 | 表1 |
基地以前发生的或是正在发生的变化	基地未来会发生什么变化
确认基地在整个城市景观系统中所扮演的角色，并指出它的角色怎样影响了其所发生的变化； 了解城市景观其他部分所发生的变化，以及这些变化对基地的影响； 在可能的原因事件和潜在变化间建立联系	确定区位与功能间的互动关系来确定地段的发展变化； 确定基地的各部分以及基地周边地区讨论影响基地特性的景观进程； 讨论基地各部分间的关系如何影响基地的变化

图1 帕尔马城市图底平面

通过研究空间的高宽比，可以使学生了解什么样的空间会让人感觉清晰完整。学生通过以人的尺度为出发点，绘制空间的断面图，可以发现空间高宽比的不同会使空间对人产生封闭、开放、有限定感等不同的感受。

此外，应该让学生了解一些空间限定元素，例如有助于空间限定的地形特征（山丘台地）、建筑界面、成排的树木、路灯等。

3.2 视觉特征

空间的视觉特征通常由限定空间界面的视觉特征所决定。在这个层面来说，这些视觉特征被不断增强而共同形成了一个场地的视觉环境。一个具有强烈视觉特征的环境通常是由一些诸如协调的颜色、材质、形体、比例、尺度和建筑细部（门窗、装饰）组成并表现出来的。即使是具有强烈视觉特征的场地空间，它的界面还是需要一些变化，否则就会造成视觉环境的单调乏味，同时变化也不应该太多，因为人们受到过多的感官刺激会觉得不舒服。

学生需要评价基地中的视觉环境和具有不同外观的界面对环境视觉特征起到的加强或是削弱的作用。首先，通过现场踏勘拍摄的照片找出地段中的可视界面，按照界面的不同视觉特征进行排列组合，确定所有的界面种类都在照片中表现出来。其次，运用评价标准评价每种界面特征：哪种给人以最强烈的感知？怎样确定视觉特征单调与过度的平衡点？再次，运用编辑过的图片和图示而不是通过语言表达视觉感受。

3.3 动态体验

空间很难被使用者在静止状态中体验，空间特征的分析包括对静态空间的研究，但更重要的应该是分析动态体验的空间特征。库伦（G.Cullen）在 *The Concise Townscape* 中提出了视觉分析的概念——空间的体验在于一系列的现有视觉感受和显现的视觉感受，也被称为视觉序列（图2）。前者是在特定地点上即刻给人的视觉感受，而后者则是留在脑海中的印象。这两种感受的合力产生兴奋和愉悦的感觉。

空间动态体验分析中至少应该识别两种与基地相关联的活动序列。主要的活动序列是人通过基

图2 序列视觉景观分析

地时体验环境的主要方式，或是使人产生兴趣的路径。首先用库伦的分析方法分析活动序列，然后识别每个活动序列的主要结构，这些是在人的活动进程中关键节点上的视觉体验。学生需要在每一个关键点上拍照，临摹这些照片绘制关键点草图，然后通过对这些草图的诠释来表达他们对每个活动序列的分析研究成果，包括每种活动序列的重要特征是什么，它们是如何与空间的特色相关联的。

3.4 可意象性

在场地空间研究中，学生还需要了解人们主观上理解和记住场所的能力，以及识别促成这种理解的相关元素。凯文·林奇（Kevin Lynch）的城市空间可意象性研究提供了这方面的知识（图3）。

可以选择在设计场地中具有不同需求的人们，让四个或以上数量的人画一幅他们记忆中的场地地图，表达出他们所能回想起的有关场地的

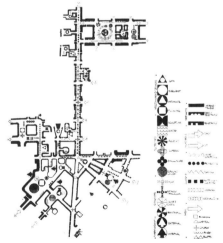

图3 记录了主观印象和实质环境的明尼阿波利斯的部分城市空间分析

所有信息。特别是观察他们向地图中增加信息的顺序，以此记录下他们使用基地的不同程度。比较不同的认知草图，分辨地图中显著的相同点和不同之处。

设计过程中需要让学生了解这些地图是怎样表现场地，或其中的一部分是如何被使用者牢牢记住的？是什么因素帮助或阻碍人们记住场地？取决于人们对场地的熟悉程度？学生不能仅仅依靠草图，要在一定程度上将可意象性分析建立在自己对场地的感觉经验上，然后再将其他人的认知地图与个人的经验进行比较。当学生得到有关场地意象的结论时，将它们按照优点、缺点、机会和威胁进行分类。

3.5　可识别性

当空间的基本物质实体被赋予情感与意义时，它就成为场所。大多数人更熟悉场所而非空间，他们更多涉及空间的意义而不是实际存在。学生需要学会为不同人群设计场所的方式方法，尝试认识场所的精神。

这项分析中学生所能使用的数据是在做设计时最难于把握的因素。首先，需要与不同的人群就基地对于他们的意义进行几次交谈，也可以思考基地对设计者自身的意义，继而开始分析。然后，需要考虑下面的问题：在基地中会发现什么标志？这些标志对不同人群意味着什么？是否每个场地都有独特的标识特性？场地在多大程度上形成了场所？

在三维空间之外，理解空间的意义还需要考虑时间维度。在人类经验中，时间是无处不在的、内在的，又是虚无的。它渗透进了语言，并成为所有动作的背景。所有的空间都是在一个时间框架下被人们感知和体验的，保持或改变空间环境的活动需要在不同的时间尺度上展开。白天和黑夜、炎热和寒冷、喧闹和安静、太阳和月亮……远去的列车、墙角的苔藓、树木的新芽、飘动的云、潮起潮落，都是场地中需要学生记录的时间信息。

场地本身并不具有意义，只有场地中人们的活动能够赋予物质环境以象征意义。对基地可识别性分析的目的就是发现标识性在基地中的表面及潜在价值。

4　行为研究方法

4.1　个体行为

乔恩·朗（Jon Lang）认为物质环境并不能决定个体行为，但是它能够承载个体行为。这意味着空间环境能够使人的某种行为成为可能，而不直接引发人的行为。在这部分训练中，学生将根据场地中被允许和不被允许的个体行为来分析基地使用情况，包括对行为做出观察与思考，分析环境与行为之间的联系，从而总结出环境与行为之间的对应模式。

学生可以按照以下方式系统地完成分析。首先，确定现在以及未来场地使用者的不同类型，考虑他们合乎需要的，或者是不受欢迎的行为及其特征；其次，考虑基地可能的承载这些行为的不同方式，学生的设计方案需要在使用者的行为与场地承载力之间寻求平衡；再次，可以按优先顺序列出一张清单，比较场地使用方式与场地承载力之间的关系，包括正被谈论的行为是什么，它是合乎需要或不受欢迎的吗，个体特征与行为有关吗，场地的哪些方面支持可取的行为以及哪些反对不可取的行为？

4.2　社会行为

与个体行为情况一样，物质环境也能够支持不同群体中个体的相互作用。在赫斯特（Randolph T.Hester）的 *Planning Neighborhood Space With People* 一书中，我们了解到群体之间的相互作用取决于从合作到融合到竞争的连续体。他描述了在影响群体相互作用的空间类型中归属感是如何发挥作用的。通过使用这种分析方法，学生能够学到场地中环境与群体行为的相互关系。学生通过观察和记录发生在基地上的行为，就会得到数据，然后进一步思考，分析这些数据所表达的群体活动模式与特征。

对社会行为的分析与个体分析类似。第一是根据赫斯特对人群进行分类的描述，确定现在以及将来使用场地的不同群体；第二是考虑群体成员间已知的及潜在的相互作用，合乎需要但不受欢迎的行为间的相互作用；第三，总结出基地环境的外在表现形式中哪些可以承载合乎需要的行为，哪些不能够承载不受欢迎的行为。

4.3　问卷调查

问卷调查可以用于描述性、解释性和探索性的行为研究，通过问卷可以得到对分析有用的信息，通常以个体为研究单位，把个体作为受访者。在问卷设计中，应该遵循这样的原则：选择合适的问题（开放式问题或封闭式问题）；问卷中的问题要清楚；避免双重问题；受访者对于问题的回答来说必须是胜任的；受访者必须愿意回答；问题应该中肯；问题越短越好；避免否定性问题；避免带有倾向性的问题和词语。

学生需要以和蔼、亲善的态度来进行问卷发放，让受访者放松，营造一种比较融洽的气氛。调查者自身需要保持中立，在资料收集的过程中不能对问卷上的答案产生任何影响；学生需要熟悉问卷，并正确无误地询问受访者，并且准确地记录受访者所给的答案；最后对问卷进行统计与分析，建立不同类型的问题与人的行为模式之间的联系。

5 设计过程解析

5.1 概念生成

皮特·罗（Peter Rowe）在 *Design Thinking* 中提出，思考产生的概念有助于探求设计问题的解决方案。思考产生的概念外在体现是设计的主题或关键词，它能使探求设计问题解决方案的范围更加集中，能使设计方案更容易解释。课程设计中要求学生提交一个自己认为与设计解决方案一致的最具指导意义的概念。

设计概念源自设计者经验中类似空间的范例与类比，随之而来的是富有创造力的抽象的符号元素，因为它能够使学生按照非常规的思路去思考，类比来源于自然、科学或毫无联系的领域，也可以让学生通过从对此类设计问题解决较好的典型案例的研究中得到灵感。

设计概念需要凝练多种设计思想，学生需要将设计概念浓缩为一个关键的主题词。检验设计概念有效性的一个好方法是以不同的方式运行概念，途径或方式越多，则检验的结果越有效。

5.2 明确目标

在设计阶段，学生基于设计概念的暗示，针对预先确定的观点或主题，以确定基地设计方案的结构与形态。例如采用雨水收集的设计概念，学生会决定创造一个吸引并融合多种活动的、以水体为核心的场所。以这个概念为核心，学生需要建立雨水的分季节、分时段、分区域管理措施，以及结合植被灌溉、水景观设计、场所营造的综合利用策略，并且使设计方案在结合前期综合分析成果的基础上，明确地表达出前期分析研究对设计目标的支撑作用。

确定某个设计主题可能会有多种途径，应该与在预先设计阶段已经确立并明确表达的设计目标相吻合，应该维持一般目标与特定目标之间的适当的平衡，如果目标过于特定与专一，例如所有的建筑都要是黄色的，则会对设计解决方案产生一定的限制；目标过于概括或笼统，例如控制建筑的外形，则不能为设计解决方案提供足够的控制与指导，处于两者之间的目标是最实用的。

5.3 设计策略

学生需要将一系列影响决策者（开发商、居民、地方政府）开发或改善建成环境的策略融合到一起，从而使设计目标能被实现。这些策略是以影响决策为目的的规则、程序、政策的融合。学生要建立、记录、修正他们自己的设计策略（表2）。

建立设计策略的步骤   表2

揭示当前问题	建立设计策略	描述设计策略
对自己判断的评价； 在回答问题的基础上，学生应该以一种创新的方式明确基地中的规则，动机和触媒，并促进多元化的设计结果的产生	建立设计的基础	首先阐述策略的主旨； 然后明确地表达设计策略的基础，包括可能会出现的各种成本； 最后详细地阐述策略如何实现

结论

城市景观设计课程的核心问题是探讨城市物质形态的发展可能性和日常城市生活的营造，致力于构建过去、今天和未来具有合理时空梯度的空间环境，需要学生通过在实践中观察场地中的各类要素，扩展与人们的交流来学习。通过引入城市设计方法进行研究，可以使学生了解城市景观的基本概念，建立景观设计的观念与思维，进一步掌握景观设计相关理论，掌握基本的设计方法，熟悉设计过程。

城市景观设计课程强调的是学生的动态思维方式，对学生的训练与评价是基于设计过程的引导和观察，有利于确立和保证学生在学习的过程中的主体和主动地位。课程重视学生素质的培养，教给学生发现问题、分析问题和解决问题的能力，而不仅仅进行"设计成果"的形式展示，为适应日益综合、宽泛的设计领域的要求奠定基础。

（基金项目：国家自然科学基金资助项目，项目编号：51208136；黑龙江省高等教育科学研究课题，项目编号：I4Q005；哈尔滨市应用技术研究与开发项目，项目编号：2014RFQXJ135）

参考文献：

[1] Kevin Lynch.City Design：What It Is and How It Might Be Taught [J].Urban Design International.1980,1(2)：48—49，52，56．

[2] (美) 柯林·罗．拼贴城市 [M]．童明译．北京：中国建筑工业出版社，2003．

[3] Gordon Cullen.The Concise Townscape[M].New York：Van Nostrand Reihnold Company，1961．

[4] (美) 凯文·林奇．城市意象 [M]．方益萍，何晓军译．北京：华夏出版社，2001．

[5] Jon Lang.Urban Design——The American Experience[M].New York：Van Nostrand Reinhold，1994．

[6] Randolph T.Hester.Planning Neighborhood Space With People[M].New York：Van Nostrand Reinhold，1984．

[7] (美) 艾尔·巴比．社会研究方法 [M]．邱泽奇译．北京：华夏出版社，2009．

[8] Peter Rowe.Design Thinking[M].Cambridge，MA：MIT Press，1987．

[9] Kevin Lynch.Managing the Sense of a Region[M].Cambridge，MA：MIT Press，1976．

[10] 金广君．我国城市设计教育研究 [D].同济大学博士学位论文．2004．

[11] 徐苏宁．城乡规划学下的城市设计学科地位与作用 [J]．规划师，2012 (9)：21—24．

图片来源：

图 1：柯林·罗．拼贴城市 [M]．童明译．北京：中国建筑工业出版社，2003．

图 2：Gordon Cullen．The Concise Townscape [M]．New York：Van Nostrand Reihnold Company，1961．

图 3：Kevin Lynch．Managing the Sense of a Region [M]．Cambridge：MA MIT Press，1976．

作者：董禹，哈尔滨工业大学建筑学院、黑龙江省寒地景观科学与技术重点实验室 副教授；董慰，哈尔滨工业大学建筑学院、黑龙江省寒地城乡人居环境科学重点实验室 副教授；谭卓琳，哈尔滨工业大学建筑学院 硕士研究生

基于景观都市主义视野的城市设计教学研究

——以城市景观设计课程教学为例

李敏稚

Research on Urban Design Teaching from the
Perspective of Landscape Urbanism

■摘要：风景园林学成为新一级学科为专业发展提供了空前机遇，也对专业教育提出了更高要求。景观都市主义倡导学科整合和专业合作，代表一种认知、处理人地关系的世界观和方法论。城市设计则被认为是综合处理各种城市系统和要素关系的、代表公共价值取向和高质量城市环境观的专业范畴。研究基于景观都市主义视野，探讨在风景园林教学体系中如何通过城市设计教学及训练过程，明确其课程组成、性质和地位，教学目标和要求，以及教学内容及其组织等。

■关键词：风景园林教育 景观都市主义 学科整合 城市设计 教学体系

Abstract：Landscape became a new first grade discipline provides a develop opportunity for the specialty，but also it proposes higher requirements for professional education.Landscape Urbanism advocates disciplines integration and professional cooperation，which represents a world outlook and methodology which are being used to recognize and dealing with the relationship between people and earth.While Urban Design is always regarded as a professional specialty comprehensively dealing with the relationships between different urban systems and elements，which represents the public value orientation and high—quality urban environment. Research based on Landscape Urbanism perspective，explores how to make the courses' composition，nature and status，teaching goals and requirements more clear through Urban Design courses under the framework of Landscape teaching system.

Key words：Landscape Education；Landscape Urbanism；Disciplines Integration；Urban Design；Teaching System

问题缘起：机遇与挑战并存

2011 年 3 月在国务院学位委员会、教育部公布的《学位授予和人才培养学科目录（2011

年)》中新增 21 个新一级学科。"风景园林学"正式成为 110 个一级学科之一，列在工学门类（编号 0834），可授予工学、农学学位。实际上在现代主义开始盛行后的相当长一段时间内，风景园林学所涵盖的学科体系和专业范畴始终处在各种纷杂和争议之中。尤其在经济、社会和城市形态高度发展的今天，风景园林专业教育缺乏明晰定位及范畴界定，职业培养标准和架构尚未建立，与建筑、规划、工程技术等学科的相互关系模糊，以及行业实践的核心价值观和基本操守缺失等，已经成为制约其真正发展的一系列基本问题。

1. 研究目的和意义

1.1 风景园林专业教育面临的困境及其任务

1.1.1 风景园林学的由来

风景园林学作为一门现代学科被提出是在 19 世纪末 20 世纪初，其渊源是荷兰的风景画派和欧洲的浪漫主义运动，基础是（德国）古典造园和（英国）风景造园。英文 "Landscape Architecture" 在今天有各种解读：中国大陆的"风景园林"（农林院校）和"景观学"（工科院校）；日本的"造园"；韩国的"造景科"；中国香港和台湾地区的"景观建筑学"，以及我国清华大学和西建大"地景"等称呼。相关定义也非常多，如"园林学是研究如何合理运用自然因素（特别是生态因素）、社会因素来创造优美的、生态平衡的人类生活境域的学科"（《中国大百科全书》，汪菊渊）。目前比较接近共识的定义是"用艺术的手段，处理人、建筑与环境之间复杂关系的一门学科"。

1.1.2 风景园林学的发展趋势

从古典主义时期的自然风景造园到现代城市空间中结合生活游憩场景的公园绿地景观，风景园林学的内涵和外延一直在不断发展。①价值观层面：从比较单一的游憩审美价值取向拓展为文化、经济、社会和生态等综合价值取向。②服务对象层面：从为少数特权阶级游赏风雅服务拓展为对整个人类及其栖息地的生态系统服务。③实践尺度层面：从规划设计中微观尺度要素拓展为大至全球生态系统小至一方庭院景观的全尺度范畴。④技术方法层面：从单一学科认识和园林技术方法拓展到多学科交叉研究和多维度技术融合应用。风景园林学中追求大自然和美好精神生活，致力于协调人、城市与自然的关系，保护和营造高质量空间景观环境等核心思想，决定其拥有广阔而深远的前景。

1.1.3 现实的困境及任务

西方现代风景园林学的发展一直具有较为清晰的脉络和范畴。但在中国，由于长期处在二级学科边缘，导致影响力偏低，门户之见和分化严重，学科结构不完整、实践出现偏差。风景园林学的专业知识构成、学科基础和边界、教学评估标准，甚至包括理论核心和价值体系等，均陷入混沌状态和各大"主流"高校各自为政的现实之中。以学科设置为例，就有林学、农学、工学等不同学科背景和专业主导方向的区别。这种纷乱的情况极大制约着风景园林学的进一步发展。

从学科的知识构成和核心内容来看，风景园林学与建筑学、城乡规划学等应互为"图底关系"，相辅相成而共同组成人居环境学科群的基础支柱；理论联系实践，同时培养学生的逻辑和形象思维、艺术素养和工程技术，帮助其建立空间与形态营造能力、景观生态思想和美学观念，并广泛吸收地理学、林学、地质学、气象学、历史学、哲学、社会学、经济学、公共管理、环境科学与技术、土木和水利工程、测绘科学与技术等相关学科的理论成果；理解城市发展、演变过程并建立公共价值观。

1.2 景观都市主义作为一种整合与协同的视角

景观都市主义是建筑师在城市化浪潮中对于"景观体验"和"城市组织结构"的自省与反思，也为长期处在受压抑状态的景观设计行业提供了一次提升自身地位和影响力的机会，是城市设计对景观的宣言式回归。历史上，从波士顿的蓝宝石项链作为城市形态基础结构，到大波士顿地区自然系统规划奠定大都市圈开放空间网络，再到"设计结合自然"，都与景观都市主义建构城市生态、公共基础设施的主张一脉相承。

景观都市主义倡导学科整合和专业合作，致力于使景观取代建筑和规划成为承载当今城市发展的一种基本生长模块和生态体系，在宏观层面代表一种认知、处理人地关系的世界观和方法论。这可以为风景园林学科的建设和教育体系构建提供多元视角，有助于从教育资源优化配置、课程体系深度和广度拓展、教学效果提高、研究传统和特色延续，以及学科社会认知度和影响力提升等方面，有针对性、分步骤地推进各项改革举措，逐步建立起多学科融合、社会认可度高、开放整合的学科体系。

1.3 当代城市设计的地位和发展趋势

从 20 世纪 60 年代建立发展至今，现代城市设计理论领域一直处于充满争论和对立的状态之中。城市设计是对城市这个复杂系统的整体设计，偏重于建立外在的形体创造框架来控制和引导城市发展，通常被理解为是一个多解的过程和一个不断根据系统反馈进行调整的动态的城市管治过程。城市设计学则被认为是综合处理各种城市系统和要素关系的，代表公共价值取向和高质量城市环境观的专业范畴，在中观层面和（指向）微观层面代表一种提供多系统协同机制以控制和引导城市发展的设计方法和技术策略。其基本理念如混合功能、土地集约、公交导向、公共活力营造、中高密度连续城市肌理等，已经成为景观都市主义规划设计实践解决城市（与自然）中观尺度环境中一系列问题的基本方法和技术来源，产生着广泛的影响。

我国的现代城市设计理论认识主要来自于20世纪80年代开始，对西方现代城市设计理论发展成果的引介。到今天为止，一些基本问题的定义和研究对象的界定应更加清晰，例如：①针对土地利用、交通规划、景观等的城市设计要素划分和规划设计控制引导；②针对城市设计实施的机制研究和实践推演；③如何向公众传递优秀的公共价值观和提供高效率的多方协同机制；④通过设定城市设计框架保护城市的历史文化、自然山水和安全格局；⑤在实施层面重点研究如土地集约利用、低碳交通系统、海绵城市建设指标及指引、绿色建筑等关键技术并加以推广；⑥尽快建立城市设计的体制和法律保障等。总之，当代城市设计的作用和地位正在不断提升，建立复合的"整体观＋协同观＋生态观"已成为必然趋势。

1.4 景观都市主义视角下的城市设计教学研究

在西方大多数国家里，城市设计教育课程通常在（硕士）研究生阶段设置，一般接收有建筑学或景观建筑学背景的本科毕业生。近年来一些具有规划背景的课程内容，如地理学、法律学、公共事务管理和社会学等，也开始融入城市设计的形态训练，如"房地产开发硕士"课程。城市设计教育通常涵盖基本的城市设计、土地使用及设施规划、职业实践等内容，近年来有本科化和专门化倾向。在国内各大主要建筑院校的本科教学（高年级）体系中，均设置有城市设计理论与实践方面的相关课程，也开展了诸多城市设计课题训练和国际工作坊交流等，这些均显现出城市设计学科的重要性和必要性已形成共识。在执行程度上各高校有所不同，有的在改革方面探索的步伐迈得更远，并取得了一定的阶段性成果，如华南理工大学建筑学院本科四年级城市设计专门化教学（下文将阐述）。

今天风景园林专业教育遇上了最好的时代，但要真正发展，必须摒弃以往的学科隔阂和专业限制，以整合协同、开放包容的视角，从构建城市生态、公共基础设施着手，充分发挥传统园林景观规划设计的思想和技术精髓，通过城市设计过程建立联系宏观、中观、微观城市要素的（形态）控制和引导机制，以专业教学传递优秀的公共价值观念和高品质环境理念，掌握各种尺度下的城市设计方法和实操技术。景观都市主义倡导的整体观和生态观，以及对于提升景观设计行业地位和影响力的"宣言式"推动力，将对当代风景园林教育产生深远影响。而当代城市设计思想和方法对于风景园林教育的意义亦非凡，因为它是帮助学生建立城市发展观和公共价值观，培养形态设计和控制能力，掌握城市建设实施管理技术等的必要课程。

2.研究内容及重点

2.1 城市设计中的景观视野

景观都市主义提出以景观作为城市发展各系统中一个覆盖面广、影响深远的连续系统，可以成为实施城市整合过程的引导框架和依托基质。景观可以在各个层面促进城市形态的完整，为城市提供多种生态服务，以多层次、多系统格局连续地为城市环境提供生态承载力。景观与城市社会、经济、文化、公共空间等系统整合，反映了人类活动与公共空间、道路交通、城市建筑等外在环境形态的关系。宏观上，景观作为一种视野和整合性的引导框架；中观上，景观作为联系中介和过程催化机制，整合城市多元要素，完善城市各项功能；微观上，景观塑造场所"核心"，生成城市各种功能要素联系与发展的综合环境。

城市设计可以利用景观系统的结构特性，更好地定位包含在系统中的各种复杂因素及其相互关系，以为其寻求更合理和可持续的发展空间。景观系统的有序性和流动性可以引导城市的可持续发展，其可认知性和开放性能够促成认知主体的自由。城市设计在一种理性、灵活、开放的结构之下，遵循"共同感受"下的"基本秩序感"来构建城市。景观结构的形成包括对景观元素的提炼和选择、建立元素间的连接结构，以及建立整体结构秩序。城市景观结构的运作来自于景观要素视觉力的整体构成，表现为多样性与统一性的平衡、组群（规模）效应、围合空间、嵌合结构、连续性、秩序等。

景观视野倡导建设与自然形态相协调的多样化城市景观，保护城市开放空间等生态环境敏感区域，注重塑造城市空间的场所感和归属感，致力于研究和发展有效利用资源的方式和途径，提倡适宜步行的城市街区尺度、人性化、高效率的公共交通系统和多样化的交通选择、紧凑密集型的建筑类型、提倡公众参与等。基于景观视野的城市设计方法可描述为[1]：以一系列重要的城市开放空间区域通过线性绿化系统形成主要的城市景观网络。在此基础上，将城市的各功能系统融入复合型的景观形态框架当中。

2.2 城市设计的基本价值观培养

城市设计教学除形态训练和技术学习之外，更重要的是认识城市，了解城市产生、发展、兴衰的背景和规律，认识与城市相关的一切经济、社会、人文、自然、政治现象及其背后机制，建立起对城市开发建设决策、执行、管理、监督和公众参与机制的理解。国内外学者均有对城市设计的公共属性提出过定义[2]，可见城市设计师对城市公共价值认知和维护的重要性。

华南理工大学的城市设计专门化教学就特别强调学生经历学习过程真正提高对于城市本身发展规律的认识、对城市设计公共性和公共价值的认知，树立起正确的城市设计价值观，理解城市设计与建筑学、城乡规划、风景园林等相关学科的协同性。在教学过程中有两个重要环节：其一是通过电影认知城市的课程（为期一周）（图1）；其二是在美国几个大城市游历、观察和授课的 Study Trip 课程（为期三周）（图2）。

前者由海外名师计划引进的美国密歇根大学资深城市设计教授 Roy Strickland 主持，是密歇根大学城市设计研究生项目。通过在 10 部电影中认识城市（实际在中国讲授时间为一周，观看 5 部中外电影），了解城市环境的对比和反差，以及电影情节背后特定的故事背景与场景特质，认识城市形态和社会生活的变迁。如 The Naked City 展现关于纽约城市街道、街区与建筑的故事，通过电影展现的整体格局抓住城市特质，并随着故事情节展开而深入、细化。纽约的街道和街区结构囊括了非常丰富的建筑类型、社会活动，以及不同的社会群体，这也培育出纽约特有的活跃多样的社区环境。又如展现城市路沿石、人行道和台阶的电

图1　通过电影认知城市设计课程图解（2015 年 4 月）

图2　Study Trip 美国城市设计考察课程记录（2015 年 6 月）

影 *Do The Right Thing*；展现建筑细节窗的电影 *The Third Man*；展现街道家具的电影 *Salaam Bombay*；展现城市声音的电影 *Chinese Box*；展现城市交通的电影 *Crash*；以及讲述中国社会变革期（北京）城市边缘的社会交往空间中发生的群体故事的电影 *Beijing Bicycle* 等。通过电影描绘城市的各个尺度——从区域到建筑，展现了构成城市的基本要素及其之间的关系；同时镜头呈现出城市中不同活动、形态、空间、等级和阶级的画面，为城市设计提供基本信息。对学生而言，这是一个了解世界上其他城市的难得机会，使之有机会去做空间对比、学习，并对不同的城市和社会形态进行思考。再者，让学生学会用电影的叙事手法来建立自身对城市的故事线索，最终"通过城市设计项目来讲述城市的故事"。

　　第一年的 Study Trip 课程则是由指导老师带领学生亲历美国有代表性的几座大城市，分别是东岸的纽约、波士顿，中部的芝加哥和西岸的旧金山（也可以考虑去欧洲或亚洲其他代表性城市）。通过邀请当地著名高校的城市设计资深教授为学生讲授城市形态的发展历史，及其背后的推动机制和体现城市性格的各种"故事"，并亲自带领学生步行游历城市的主要区域（通常是中心区、滨水区、贫民区、郊区住宅区或城市复兴区等），对典型街道、街区、建筑和景观进行观察、记录、比较、描绘和解析，感受城市公共生活场景和社会各阶层的活动特点，了解城市公共空间场所、公共建筑和城市景观的设计及控制方法。其间还安排了与世界著名的建筑和景观设计公司，如 SOM、RTKL、AECOM 等，以及康奈尔大学纽约研究中心等科研机构的会议与交流，让学生亲身体验了世界顶尖水准的城市设计项目实例。最终让学生形成个人的城市考察报告，回国后继续收集和整理资料，对感兴趣的城市专题问题进行深入研究。我们的目的是帮助学生比较直观、迅速而具体地建立起初步的城市设计方法论和公共价值观。

2.3　城市设计训练过程：Urban design studio 教学

　　形态设计训练和城市系统设计始终是教学的核心内容。课程设计题目的设置坚持立足本土、中外交流、创新方法、条件真实等原则，分为城市设计题目和联合工作坊两大类，根据教学需要交叉进行。

　　前者从广州城市空间形态调研（4周）入手，到广州典型街区测绘（4周）、番禺石岗东村地区城市更新（6周），再到广州琶洲西区南大街城市公共空间与高层建筑设计（6周）等，分别结合真实的城市环境和设计任务进行设置（图3）。在组织方式上，将学生按总体组和分主题小组划分进行城市设计工作，相互之间既有合作又有竞争，有利于激发积极性。

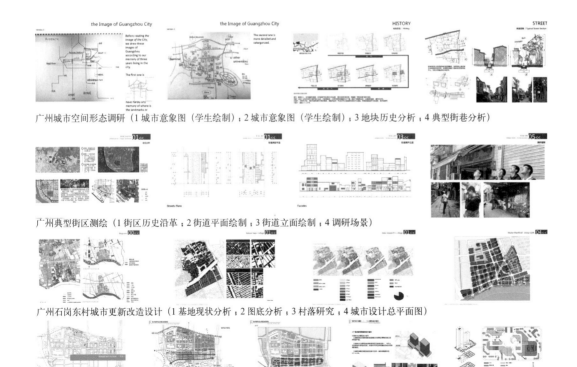

广州城市空间形态调研（1 城市意象图（学生绘制）；2 城市意象图（学生绘制）；3 地块历史分析；4 典型街巷分析）

广州典型街区测绘（1 街区历史沿革；2 街道平面绘制；3 街道立面绘制；4 调研场景）

广州石岗东村城市更新改造设计（1 基地现状分析；2 图底分析；3 村落研究；4 城市设计总平面图）

广州琶洲西区南大街城市公共空间和高层建筑设计（1 文本封面；2 城市设计结构；3 总平面图；4《城市设计导则》；5《导则》指引下的建筑设计）

图3　城市设计课程设计训练成果展示

城市设计国际联合工作坊——苏州怡园历史街区建筑与城市设计（1基地调研；2初步方案；3中期汇报；4设计深化；5最终汇报）

城市设计国际联合工作坊——苏州怡园历史街区建筑与城市设计（1基地调研及汇报讨论；2研究城市割裂；3研究城市水系统；4研究街区（一组）；5研究珠碑厂改造）

城市设计"博士冬令营"——广州TIT创意园区城市设计（1研究框架及内容；2国际案例研究；3城市发展图解；4城市形态比选方案（三）；5最终汇报场景）

图4　城市设计课程国际联合工作坊成果展示

后者包括在四年级上学期末和下学期初设置的与日本东京工业大学、同济大学、东南大学等五校联合的工作坊——苏州怡园历史街区建筑与城市设计；与美国加州大学伯克利分校联合的工作坊——广州琶洲西区城市设计；与意大利都灵理工大学联合的"博士冬令营"——广州TIT创意园区城市设计（图4），还包括与荷兰代尔夫特理工大学、美国哈佛大学等著名高校联合举办的城市设计课题研究等。

2.4　城市设计教学体系建构

城市设计教学体系的建构首先应明确课程涵盖的主要方向，以及深入探讨各方向可能存在的一些更细分的学科或者研究方向。有学者很早就提出城市设计教育的课程模式可以涵盖四个方面：①怎样设计城市——城市设计的方法和实践，包括城市设计理论和历史、环境规划、城市建筑、空间和活动、设计方法和实践、技巧和展示等；②城市如何建成——城市及其组成部分，包括城市历史、城市扩展过程、土地经济学、住宅、商业和工业、市政和交通规划等；③怎样制定开发决策——投资和开发过程，包括土地制度和法规、房地产市场分析、投资评估、资金筹措等；④怎样管理城市的发展——发展的控制和机制等，包括政策和规划过程、发展的控制、城市设计检讨、新市镇发展、旧城保护与更新等（何智荣，1998）。城市设计专门化课程体系的建设以教学大纲为基本架构，对课程基本情况、教学目标、教学基本要求、教学内容及其组织、主要参考资料等进行了界定。

2.4.1　课程基本情况

《大纲》定义建筑学系本科四年级、五年级设置城市设计研究方向，以"城市设计"为主干课程，对应四年级的"建筑设计（五）"和"建筑设计（六）"的教学内容。五年级延伸至城市设计班的"建筑设计实习"以及"毕业设计"。将课程按学期分为基础能力培养、综合能力培养、综合能力拓展和综合素质养成四个阶段。"城市设计"专门化课程强调与城市相关的多学科背景及综合知识体系，是培养城市视野和价值观、理解及认知城市并实践城市设计的主要课程。

2.4.2　教学目标

培养学生正确认知和理解城市的能力、团队协作精神，以及综合运用多学科知识进行城市分析并实践多种尺度下的城市设计的素质。

2.4.3　教学的基本要求

第一，深化并扩展相关知识，以城市设计知识学习和课题训练为核心与载体，扩展并建立与城市相关的专业知识体系。第二，建立城市设计价值观和培养专业能力，坚持以多样化、多目标、综合能力为根本方向，同时突出知识体系的广泛性和开放性。从与城市相关的阅读活动开始，结合相关主题教学，帮助学生在感知、体验和认识城市各系统（如土地、交通、街区、建筑、景观等）及其要素的过程中，建立起整体的城市设计视野和公共价值导向的城市设计观，并能较熟练地掌握多维尺度下，涵盖各种类型、团队协同合作的城市设计应用和实践能力。第三，面向职业素养培养的教学模式，引导学生建立依托于城市设计的较为全面的、动态发展的知识体系和正确的价值观，培养面向城市设计实践操作和沟通表达的能力，在团队协作中锻炼个人的设计技能和组织才能，形成城市设计师基本的职业素养。

2.4.4 教学内容及其组织

第一，理论教学与实践训练紧密结合。①引导学生形成完整的城市认知过程：从阅读、研究与城市相关的理论和现象入手，了解认知城市的各种途径和方法，为掌握城市设计方法奠定基础；通过现场考察、案例解读等方式对构成城市的各个系统及其要素进行认知和体验，强调行为参与和角色代入；理解城市空间形态中格网、街区、建筑、道路、景观等的类型学研究意义和方法，解读其背后蕴含的复杂的历史、地域、人文等因素。②理论与实践课程构成内容（对应课时和学分）和比例（对应时间周期）在整个教学过程不同阶段的组合，具有充分的灵活性和开放度，可以针对教学的反馈和评价适时做出调整（图5）。③理论教学的内容将结合城市空间认知实习、城市空间调研分析和基础理论指导等课题进行。④通过搭建与国外多所知名高校城市设计专业的多方合作平台，逐步引入1~2个以国外（北美、欧洲、亚洲等）有代表性的城市区域（环境）为基地的全过程（跨学期或整学年）的城市设计题目（项目），借助海外名师计划引进国际著名城市设计专家、教授讲学，通过实地体验国内外优秀城市空间，增加国际化城市设计体验和拓展城市设计视野，逐步形成城市设计专门化方向的发展特色和优势。

第二，强调全过程的城市设计课题教学模式（图6）。

第三，城市设计课题训练内容——从形态训练（四年级上）到综合训练（四年级下），从实践锻炼（五年级上）到综合检验（五年级下），始终贯彻整体性和系统性思维，循序渐进地从形态设计过渡到系统设计。

结论及思考

目前全国已有184所高校设立了风景园林专业，且正以每年10%~15%的速度递增，学科发展形势一片大好。风景园林教育迫切需要走向多学科融合和面向职业培养的新道路。而当前新型城镇化背景下的城市设计学科和实践的发展也处在非常有利的时期。学科、专业的重新定位和作用提升，以及针对实施的体制和法律保障体系建设也提上日程。重新倡导城市公共价值观和人文精神所引发的全民热切讨论和公民优秀素养的逐步形成，以及全社会公众参与的真正推行和程序设定，均彰显着积极、先进的城市设计理念、方法和技术在引导城市可持续发展方面不可估量的价值。景观都市主义可以为风景园林教育中城市设计课程的设置和执行提供一种整合与协同的视角，而通过城市设计课程的学习和设计训练，又可以为景观都市主义理念在城市中观（和微观）层面空间形态和城市环境的实现提供设计方法和技术策略。城市设计教学促进公共价值观和人文素养的形成，将为学生未来成长为具备多学科综合眼光和设计整合能力的专业人才

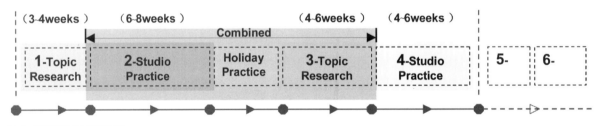

图5 城市设计课题组织模式

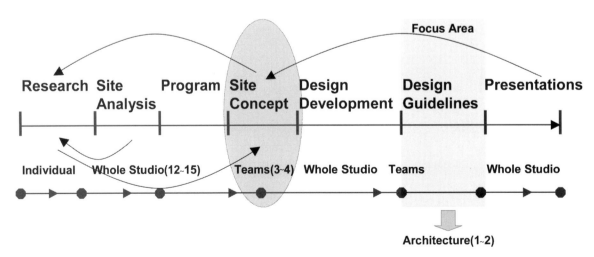

图6 城市设计课题教学全过程模式

奠定非常重要的基础。这是一个相辅相成、互为因果的过程。本文所阐述的城市设计专门化教学研究才刚刚起步，很多新的尝试仍处在探索阶段，教学成效有待检验和评价，可以说是"摸着石头过河"。但先行者的意义往往是开创性的。反思这一年的教学过程，笔者认为今后可从以下几方面对课程进行优化：①对城市设计教学体系中关键环节的设置应更严谨，增加教案的备选方案以应对出现的变化；②强化类型化教学，提高城市形态设计训练的有效性；③加深学生对城市公共性的理解并敦促其在设计中自觉维护公共价值；④增强课程体系的开放性和适应性，积极培养学生的自主意识、研究精神和团队协作能力，强化系统性思维和逻辑判断（决策）能力，提升城市问题解析和快速应对能力；⑤不断改进和提高教学过程的互动效果，丰富多样化教学手段和交流模式，完善对课程的阶段性评价及反馈机制等。

（感谢华南理工大学建筑学院本科四年级城市设计专门化课程的主持教师孙一民教授、张春阳教授，感谢参与的教师周毅刚副教授、苏平副教授、王璐副教授等。）

（基金项目：国家自然科学基金项目，项目编号：51408232）

注释：

[1] 先确定城市的基本道路骨架、主要开放空间、中心区等，然后设计城市的居住区、商业区、工业区等。①依据上位规划和区域发展情况，对地块的土地使用做出合理调整和限定。②在确定区域道路交通系统的基础上，进一步完善地块的形态和功能——这是一个互相制约的过程，可对道路系统做出适时调整和改变。③结合地理环境特色、历史文脉等因素塑造地块的景观形态和特色。景观设计中注重构图感和形式美的创造，但决非唯美化。城市设计更要避免重蹈"城市美化运动"的覆辙，充分尊重人性和生态。④在整体景观结构框架之下，通过《城市设计导则》，指导开敞空间、建筑功能与形式、交通组织等内容。如作为城市公园的地块，既要考虑地块中建筑布置、交通流线、绿化、广场、标志物设置等，也应综合考虑与周边地块在天际线、界面形态、交通联系方式、场地出入口等方面的联系。⑤在把握整体基本形态的前提下，通过《导则》进一步细化城市设计具体元素，为工程设计师提供参考性设计示范，同时应进一步完善与周边地块的关系。城市形态的轴线关系、连续关系、关联的山水体系、路网结构等方面将影响着城市空间的基本质量和审美情趣。⑥通过中心性或重点地块的景观设计实现以点带动面，沿景观网络持续创造的城市发展过程。

[2] 例如，国外定义有：城市设计的对象是城市的各种场所，各种建筑物之间的空间，是有关公共领域的物质形体设计（英国牛津大学莫伦教授）。不同建筑之间的关系；建筑与街道的关系；广场、公园及其他构成公共领域的空间……以及由此类空间关系而形成的人的行为模式。简而言之，即建筑与非建成空间的一切要素之间的复杂关系（DoE Planning Policy Guidance Note 1,1997, para.14）等。国内定义有：城市设计从广义上看，就是指对城市生活的空间环境设计（王建国）。城市设计是对人类空间秩序的一种创造，是空间环境的综合设计（朱自煊）等。

参考文献：

[1] Hanid Shirvani.Urban Design Process [M].VAN NOSTRAND REINHOLD COMPANY, 1985.
[2] Jonathan Barnett. 按现实需要发展城市设计教育 [J]. 韩宝山译. 新建筑, 1987 (4)：13-14.
[3] 赵大壮. 美国城市设计之启示 [J]. 世界建筑, 1991 (5)：20-26.
[4] 金广君. 美国的城市设计教育 [J]. 世界建筑, 1991 (5)：71-74.
[5] Peter Hall.City of Tomorrow [M].Blackwell Publishers, Malden, MA,USA, 1997.
[6] 孙一民. 近期美国麻省理工学院的城市设计教育 [J]. 建筑学报, 1999. (5)：50-52.
[7] 余柏椿. 论城市设计行为准则及方式 [J]. 城市规划, 2003, 27 (9)：45-48.
[8] (美) Daniel G.Parolek, Karen Parolek, Paul C.Crawford. 城市形态设计准则——规划师、城市设计师、市政专家和开发者指南 (Formed-Based Codes:A Guide for Planners, Urban Designers, Municipalities, and Developers) [M]. 王晓川, 李东泉, 张磊译. 机械工业出版社, 2011.
[9] 王建国 .21 世纪初中国城市设计发展再探 [J]. 城市规划学刊, 2012, 199 (1)：1-8.
[10] Serge Salat. 城市与形态：关于可持续城市化的研究 (CITIES AND FORMS：ON SUSTAINABLE URBANISM) [M]. 中国：香港国际文化出版有限公司, 2013.

图片来源：

图 1：由作者拍摄及排版整理
图 2：由作者拍摄及排版整理
图 3：由作者整理绘制
图 4：由作者整理绘制
图 5：由作者绘制
图 6：由作者绘制

作者：李敏稚，华南理工大学建筑学院风景园林系 讲师，硕导

建筑教育笔记

Architectural Education Notes

"中外古典建筑史"的教学新思路

冯棣　罗强

New teaching thought about *the history of Chinese and foreign classical architecture*

■摘要：本文从分析"中外古典建筑史"教学内容入手，对建筑史的分类进行了研究，从分析结果推研出当下建筑史教学的矛盾，针对矛盾提出解决方法，并通过新的思路形成新的教学特点。

■关键词：中外古典建筑史　全球建筑史　建筑体系　中国建筑史　外国建筑史

Abstract：We researched the classification architectural history by analyzing the teaching content of "Chinese and foreign classical architectural history".From the results，we find the contradictions in Architectural History Teaching at　present.At the same time，we propose solutions for conflicts，and form a new teaching characteristics through new ideas．

Key words：Chinese and Foreign History of Classical Architecture；Global History of Architecture；Architecture System；Chinese History of Architecture；Foreign History of Architecture

　　该课程针对的学习对象为规划与景观专业大三的学生，开课的主要原因是由于专业分科，城市规划和景观专业的学生不能系统地学习相关建筑史的内容，但是又希望他们具备基本的建筑历史及其理论知识，因此做了折中处理，设置了这个课程。其主要目的在于加强城市规划和景观专业学生的建筑史学理论知识背景。这对于规范建筑类本科生的专业体系学习非常重要。第一，"中外古典建筑史"作为一门理论性非常强的修养课，其最终目的是提高学生的专业素养，进而提高设计水平；第二，建筑史可以给遗产保护、地域建筑设计、乡土建筑建造提供理论指导和知识体系的支撑；第三，"中外古典建筑史"学习重点包括熟悉各个历史阶段的经典案例，这些案例中体现出的古代建筑的空间形态、尺度、古代文化环境对相应空间的影响，以及传统材料的运用，这些内容都能开拓学生的眼界，丰富学生的设计构思和创作手法。本文针对此门课程的设立及其教学内容，进行以下相关背景的探讨。

一、课程的命名探讨延伸的分类探讨

"中外古典建筑史"是一门主要介绍中国和外国建筑史的课程。将课程命名为"中外古典建筑史"是受到中国特殊时期的二分法的影响,即在新中国成立之初,建筑史分为"中国建筑史""外国建筑史"。这样的分类有着明显的缺憾。分类的标准仅仅从国度出发,而不是真正地从建筑史学的角度来进行类型划分;而且将单个国家的建筑史独立于世界建筑史之外,生生地隔断了许多同为一体的血缘联系。对于建筑史的分类,我们可以根据与建筑史关系最为密切的文化体系来分,如分为"东方建筑史""西方建筑史"。

日本的建筑史即分为"日本建筑史""东方建筑史""西方建筑史",而美国的建筑史分为"欧洲建筑史""远东建筑史";或者按照洲际分为"亚洲建筑史""非洲建筑史""欧洲建筑史""美洲建筑史"以及"大洋洲建筑史";还可以按照建筑材料来分类,如"砖石建筑史""木构建筑史""生土建筑史";或者按照宗教来划分史学体系,如"佛教建筑史""基督教建筑史""伊斯兰教建筑史",等等。从课程的教学内容来说,因为涵盖了世界上现存主要建筑体系的建筑历史,所以本课程可以称为"全球古典建筑史"。

二、从分类分析结果推研教学需要解决的矛盾

(一)教学内容和课时量之间的矛盾

由于教学对象是城市规划和风景园林专业,因此,其建筑历史教学课时被限定为32学时。对于庞大的建筑史学体系来说,这个课时量远远不能满足其灿若星海的知识量的梳理。单是讲解中国建筑史,32个课时都是比较紧张的。更何况外国建筑史门类旁多,知识点密集,若要面面俱到,恐怕再给32个课时也是难以一一覆盖的。建筑学相关专业的建筑历史教学的教学课时的特殊性,决定了"中外古典建筑史"是一门需要全新的思维理念去把控和调整教学内容的课程。

(二)传统教学模式和教学内容之间的矛盾

在课程设立以来,所使用的传统教学授课方法可以分为两种。其一,偏重中国建筑史。老师先讲授中国建筑史(占课时的比例较大),然后再简单讲解外国建筑史,基本对外国建筑史仅仅是做简单梳理,或者是做讲座式的重点案例的讲解。这样的教学内容及程序,可以让学生更多地了解中国建筑史,但是对外国建筑史知之甚少,或只是了解一些梗概。其二,中外建筑史均分课时。中外建筑史各自占用16个课时。由于中外建筑史的文化背景不同,其形成的学科教育特征也各异。中国建筑史的讲解注重各历史时期的建筑形象、形制特征及建造技术等。而西方建筑史则重

在讲解不同时代或多种流派的独特精神,其重点线索为在材料结构科学性上的发展,以及其对现代建筑的影响。因此,老师们在讲解过程中,很难以统一而贯通的教学思想进行教学。学生也在简短的教学课时中,进行中外建筑史内容的转换,这样的教学量分配使学生既不能很好地学习中国建筑史,对外国建筑史也很难有相对透彻的理解,尤其是有些教案为了重点突出西方建筑史,而取消了拉丁美洲建筑史和印度建筑史的讲解。而拉丁美洲建筑史中早期金字塔建筑群对于建筑史的贡献是不能忽略的。印度建筑史中的石窟寺建筑这一建筑史发展过程中的强音,也是应该被写进教案。无论是第一种还是第二种教学方式,都明显地分裂了全球建筑史,学生很难将中国建筑史和外国建筑史之间的发展脉络联系起来,而对于整个建筑史的历史发展动向,学生更是只知其一,不知其二,只见局部,不见整体。

面对这两个目前存在的矛盾,即如何在有限的课时和庞大的知识体系中找寻出最合理的组合方式,进行原有知识框架的优化,制订出真正适合于这个课程的教学方法,是我们需要面对并解决的。经过几年的摸索和思考,笔者在本文第三部分提出了解决方案。

三、针对矛盾提出的解答

(一)将中外古典建筑史作为一个整体来看待,以时间为轴梳理史学骨架

前面在进行建筑史分类时已经提到,中外建筑史其实就是全球建筑史,将全球建筑史作为一个整体,以时间为轴,穿起整个建筑史。我们可以看到在同一个历史时期,不同地域的建筑发展线索。

以公元前4500年—前2500年这个阶段的建筑为例。在这个时期,全球范围内可研究的建筑主要集中在印度河流域、中国、埃及以及幼发拉底河的美索不达米亚。时间轴上的时间段并不完全限定在这个范围内,而是根据地域和相关建筑案例可以略微地有所浮动。如虽然我们是研究公元前4500年—前2500年这个时期的建筑,但是由于这个阶段涉及的中国相关时期的文化分期为仰韶文化,而仰韶文化的时间跨度为公元前5000年—公元前1500年。因此,整个仰韶文化时期所涉及的建筑均纳入我们的研究范围内(图1)。

这样的教学方式可以让学生对同一时期各个区域的建筑史发展一目了然,避免了盲目的史学分类导致知识体系的僵化。这种以时间为轴的网架式梳理,能避免在授课时遗漏重要建筑历史事件及案例,同时对各个区域建筑体系的纵向发展和横向联系有着清晰的构图。

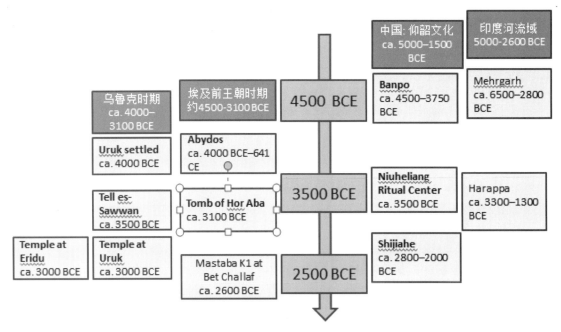

图1 以时间为轴梳理建筑史骨架

（二）以中国建筑史为主要脉络，旁兼其他重要建筑体系的发展，以重要建筑历史事件为节点，看整个建筑史横截面

在以时间为轴梳理全球建筑史的同时，以中国建筑史为主要脉络，同时串联其他重要建筑体系的历史发展，形成主要脉络与次要脉络并行的枝干体系。主要脉络上的重要建筑案例，脉络的内部发展规律，各个发展平台时期之间的紧密联系，以及前后历史阶段之间的转承关系等多方位来确定中国建筑以木构为主的建筑发展。对城市规划与风景园林专业来说，由于学时的限制，这条主线更显得尤为重要。

除了纵向梳理历史长河中的各个重要建筑体系外，与之同等重要的是：以重要的建筑历史事件或案例的时间点为切口，对全球建筑史进行横切，分析总结全球同时间（或相应时段内）的重要建筑案例。如公元8世纪时，中国封建王朝达到鼎盛时期，长安城成为当时世界上最大的城市，与此同时，西班牙的科尔瓦多、叙利亚的大马士革等城市在这个阶段也逐渐往成熟的方向发展，北美洲土地上，早期印第安人的一支——阿纳萨齐部落——开始建立印第安聚落，并在峡谷崖壁上建构著名的美洲崖居。这个时期伊斯兰教和佛教兴盛，涌现出大量珍贵的宗教建筑，印度出现了许多石头建构的寺庙，如那烂陀大寺，南亚柬埔寨吴哥窟也随后而建。而中国目前的唐代木构遗存——南禅寺和佛光寺，也出现在这个时期，与之遥相呼应的有伊斯兰著名建筑——位于耶路撒冷的圆顶清真寺、底格里斯河的萨马拉清真寺以及科尔多瓦的大清真寺等。

节点的选择有二：其一是从中国的主脉络上的重要事件出发；其二是以全球建筑史的重要城市建设或重要建筑以及重大技术发生发展为节点，多向复合密实地完善建筑史发展框架。

四、新思路下的教学特点

（一）重体系，轻个体

打破以国家为建筑史学分界的壁垒，注重建筑体系的讲解。虽然在讲解过程中，是以中国建筑史为主线横纵贯穿建筑史的发展，但是依然以建筑体系为本，中国建筑史也扩展为泛汉文化圈的木构体系为对象，串联其发生发展兴衰来完成整个木构建筑史的演绎。

（二）重横竖时空对比

通过横竖时空的对比，可以对全球范围内的建筑类型、建筑风格和建筑技术的发展有着多向参照。尤其是木构建筑史和石头建筑史体系，以及几大宗教建筑发展史，各自的兴衰曲线，呈现出清晰的发展轨迹。交叉对比下，更容易理解和记忆不同建筑史体系的重要发展节点以及关键案例的背景，以及同一建筑体系内重大建筑之间的时空分布。

（三）重研究前沿和成果的更新，注重当下研究成果的引入

建筑史是一门经典史学学科，同时又具备开放式的特点。经典，是因为前辈千锤百炼的积累，找寻出本质的、规律性的发展脉络。开放，是当下全世界范围内仍然很多人在进行建筑史的研究，不断有新的且非常有说服力的观点或研究成果出来。教学过程中应该适当引入新的研究成果并进行讲解，以更新学生知识体系，培养学生常学常新的学习思维。

五、结语

虽然本文谈及的是一个小课程的教学，但是其中所提到的矛盾——授课课时与教学内容、建筑史的分类，中国建筑史和外国建筑史的教学分离，是目前建筑史教学共同面临的难题。而以全球建筑史为整体、以中国建筑史为主脉，以重大建筑时间点所切截面来梳理其他建筑体系的方法，或许可以作为建筑史学教学的一种解决思路予以思考。

参考文献：

[1] Mark M.Jarzombek，Vikramaditya Prakash,A Global History of Architecture[M],John Wiley & Sons, Inc., Hoboken, New Jersey, 2011.

图片来源：

图1：作者自绘。

作者：冯棣，重庆大学建筑城规学院 副教授；罗强，重庆大学建筑城规学院 讲师

关于建筑结构课程教学的反思与改进

王嵩

The Introspection and Improvement on
Architecture-Structure Courses

■摘要：现行建筑学与结构工程专业的建筑结构课程中存在着一些局限，阻碍了建筑师与结构工程师之间的创造性合作。本文对这两个专业在建筑结构课程方面的缺失分别进行分析，并提出了相应的改进建议，认为应该根据各自的特点对建筑学与结构工程学的课程设置做出一定的调整，并提倡一种关于建筑结构的通识教育。

■关键词：建筑　结构工程　创造性合作　结构设计　通识教育　综合设计

Abstract：There exist many limitations in the architecture—structure courses of architecture and structural engineering discipline，which hinder the creative collaboration between architects and structural engineers.In this essay，the deficiencies of architecture—structure courses of these two majors are analyzed，and the corresponding improvement suggestions are given，that adjustments should be made in the curriculum of architecture and structural engineering according to respective characteristics，and a general education concerning architecture—structure should be promoted.

Key words：Architecture；Structure Engineering；Creative Collaboration；Structure Design；General Education；Total Design

一、绪言

从 18 世纪中叶迄今的两个多世纪以来，随着专业分工的发展，建筑物的设计者逐渐演变和分化为两种主要的职业：建筑师和工程师。他们接受不同类型的教育，进行专门的学术研究，并且各自开展设计工作。

然而，现代建筑的复杂程度使得建筑师与工程师任何一方都难以独立完成设计任务，他们需要进行密切的合作。但在实际中，双方的合作并非是普遍和融洽的，而是充满了矛盾，时常出现在复杂的设计过程中争夺决定权以及相互指责的情况。同时，在建筑师进行方案设计的过程中，若没有工程师的充分参与，将很容易出现严重的技术问题，而这种有缺陷的合作也限制了工程师充分发挥其创造力，最终必然难以产生优秀的建筑结构作品。

导致建筑师与结构工程师合作困难的原因较为复杂。不过若要追根溯源，则应以建筑学和结构工程学的课程设置与教学方式为切入点进行分析，并进行相应的调整和改进，才是解决建筑师与结构工程师之间的分歧与矛盾，推动他们进行创造性合作的最佳途径。

二、现有结构课程教学方式的反思

近现代科学技术的飞速发展，使得知识的积累与更新速度越来越快，已远远超出了个人所能吸纳的程度。这就导致了建筑学与结构工程专业的学生、研究人员或设计师所需要掌握的内容越来越多，因而仅仅只能专注于所接触的一小块专业领域，而对其他专业缺乏基本的了解和正确的认知，彼此之间很少形成交集。更为重要的是，现有结构相关课程的设置存在着许多不合理之处，对此按部就班进行教学的结果，是两个专业的学生从一开始就没有形成专业上的共识和情感上的认同，使得他们在成为建筑师与结构工程师之后也缺乏互相理解和包容的心态，因而始终不能达成真正积极有效的合作。

（一）建筑学专业的教育

建筑学专业现有的教学方法普遍未能有效地传授关于结构的知识，其问题主要可以归结为以下几个方面：

第一，过分强调将绘画和雕塑作为造型训练的基础，对包括力学与结构知识在内的建筑技术教育重视不足。建筑师的教育延续了将自己看作是伟大的造型艺术家的学院派传统，这种僵化的职业思维习惯和自命不凡的优越感常常阻碍了建筑学教育接纳并重视技术方面的内容。然而，为了领导整个建设团队并扮演好统筹者的角色，建筑师必须拥有较全面的工程技术知识才能与技术合作者充分沟通，以便在设计中尽早将技术因素纳入考量，降低犯下重大错误的风险，同时发掘它们在建筑学上的潜力并兼顾预算等等。尤其是作为建筑学教育中最基础和最重要内容之一的力学与结构知识，理应得到重视。

第二，教学中倾向于只教授″抽象的″″纯净的″和″理想的″建筑理念，脱离现实。这种教学方针往往导致的结果是：为了获得″抽象的″造型，所有的结构构件都消失了；为了获得″纯净的″表面，所有的结构构件一律被抹平；为了获得″理想的″空间，许多值得关注的细节丧失了，

″建筑整个被赋予一种手术示范教室那样的洁净程度″[1]。纯粹的造型训练与建造活动的现实完全脱离，久而久之会使学生们在设计意识中忽略结构，甚至会认为那些真正的结构是多余的、丑陋的而加以排斥。

第三，设计课程中往往使用纸板、木片和塑料等材质来制作模型，这对于研究造型、空间与比例等方面的内容是合适的，但材料性能与接合方式的差异将导致这些模型在尺度、受力和重量感等方面与真实的建筑相去甚远，有可能导致认知与现实的巨大偏差。

第四，结构相关课程的设置及内容不合适。对建筑系学生和年轻建筑师教授结构课程的常规方法一直都显得不尽如人意。因为这类课程一般交由对建筑设计思维不甚了解的结构教师讲授，而且大都是直接将结构工程专业的教学内容拆分、缩减和拼凑而成，偏重于繁琐的理论与计算，对建筑系学生来说过于复杂和抽象，掌握起来十分吃力。这种教学方式很难使学生对结构的整体行为建立起清晰的概念，更谈不上激发年轻建筑师对结构的创造性应用。而建筑教师则大多缺乏足够的背景知识和恰当的视角，由他们来讲授结构课程也同样不那么成功。类似的困境在全世界的建筑学教育中都普遍存在。

第五，缺乏对实际建造的认知。由于客观条件的限制，学校里的建筑学教育普遍缺乏有关建造的内容，建筑学师生们在设计课程中将注意力过度集中在虚拟的建筑形式和外观上，而不太关注实际的建造过程。

因此，有必要对作为建筑学专业必修的建筑结构类课程应当如何教学这一问题进行深入的思考，使其能让培养出来的建筑师具备从一开始就将结构概念融入建筑设计中，并与形态象征和空间组织协调为一个整体的总体思考能力。

（二）结构工程专业的教育

结构工程专业当前的教学方式也存在一些问题，大体上可以归纳为以下几个方面：

第一，过分强调精确的理论分析与计算，忽略了关于结构整体概念的创造性思维。结构教育的首要目标应该是教导学生学会在一个设计团队中创造出最有效的结构形式，结构设计也应该从整体概念开始。但是长期以来，大多数学术教育和研究都致力于分析法的改进以及从数学和科学方面对结构形式的描绘，从而造成今天盛行的设计方法是将一个结构分割成若干部分，然后再用先进的数学方法对它们进行分析。这种方法只重视能够分析的形式，而忽略了那些不能用数学分析的形式，还忽略了美学方面的评价，甚至对能够分析的形式也不例外[2]。

然而，工程实践的重要基础——以创新为目标的设计活动，是不能通过简单的科学分析方法解释和教授的，因为科学分析方法是依据客观性的原则和因果关系做出的，没有为创造性和个性留下空间。计算在结构课程中所应占据的分量通常也被过高估计。结构设计本该在选定了结构体系之后再开展计算，以验证最初的选择是否正确，但许多入门的结构教材却在一开始就强调精确的计算。西班牙结构工程大师爱德华多·托罗哈（Eduardo Torroja）从前所描写的结构设计中的喜悦、期待年轻人的自由思考的发展，都被今天名目繁多的"计算规范"所埋没。

因此，现行的结构教学方式割裂了学生关于建筑的整体性思维，他们擅长解决一些明确交代的特定问题，在运用计算机软件针对给定结构模型进行分析和计算方面往往比较熟练，能够迅速地输入信息和获取结果，但他们不会区分基本问题和细节，不能分析具有一系列问题的复杂事物，也不能形成处理它们的分阶段计划，在需要判断结构整体行为或解决实际工程问题时可能就会出现困难，继而可能在从事结构设计工作后，陷入成为"设计匠"的悲惨状况，难以成长为善于进行概念设计的创新型工程师。

第二，缺乏激发专业兴趣的教学方式。现行结构课程的教材普遍存在着诸多缺憾，例如科研味太浓、应用性不足等等，且各门课程自成体系，内容单调，既不能与飞速发展的技术知识同步，也不能满足各类不同专业的需求。

结构课程趣味性的严重匮乏，加上几乎从不鼓励对设计的积极兴趣，导致结构工程专业对于年轻人来说缺乏吸引力，难以产生持续钻研的热情。并且这种消极、被动的思维方式将会一直带入到他们之后的工程师生涯中，而难以设计出真正具有吸引力的作品。

第三，缺乏对建筑与结构历史的学习。建筑史早已普遍成为建筑学教育中最基础的课程之一，因为不懂历史，也就不懂得创新，这对结构工程专业亦不例外。正如意大利结构工程大师奈尔维（Pier Luigi Nervi）所说："最好的方法是——回顾结构类型从古至今的发展，对这些结构类型予以力学上的评价，以揭示出在所用材料和施工工艺与所得技术效果和艺术效果之间的联系。[3]"但大多数结构专业的教师、学生以及工程师们依然没有意识到在工程教育中加入历史内容的重要性，他们对即便是工程史上著名的人物和案例都知之甚少，或者毫无兴趣，或者认为技术是会不断被淘汰与更新的，传统是一种对创新的束缚而应尽量避免受其影响。

第四，过于重视专业训练，忽略了对人文素质的培养。太过单一的专业训练将使人变得无趣，而肩负着改造社会这一使命的工程师也应当拥有丰富的人生。结构工程大师法茨勒·卡恩（Fazlur Khan）认为，工程师需要以一个更广阔的视角去面对生活，他说："技术人员必然不能沉迷于自己的技术中，他必须要能够欣赏生活，而生活就是艺术、戏剧、音乐，还有最重要的——人。"同时，若缺乏足够的人文情怀而放任对技术成就的追逐，还会导致自然资源的过度消耗与人类生存环境的恶化等后果。

第四，缺乏形象思维训练及对美感的培养。如今，结构工程方面的著作大都将问题局限于抽象的数学层面上，已难见到事物的本质，但对设计而言，直观的形象思维训练是必不可少的。在技术与艺术分离的200多年间，虽然也不乏呼吁之声，但国内外普遍没能做到在工程技术教育中将美学设置为必修课程。这不仅违反了从形象到抽象的基本认知规律，也不能帮助工程师建立起基本的美学观念，难以欣赏更无法创作出具有美感的结构作品。

第五，缺乏对建筑学相关知识的学习。除"房屋建筑学"外，结构工程的教育中罕见建筑史与建筑设计方面的内容，导致结构专业的学生对于建筑学的相关知识不甚了解，缺乏对建筑的直观认知和整体思维，也失去了关注的兴趣，因而很难设计出具有建筑表现力的结构，也造成了结构工程师与建筑师合作的困难。

因此，有必要在一定程度上解放过度专业化的教育对结构工程师知识面的局限和想象力的束缚，使他们能够设计出不仅坚固、高效、有趣、美观的作品。

三、改进

长期以来，许多有创见的建筑师和工程师已经认识到了专业间的隔阂对他们产生的限制，许多建筑教育工作者也意识到了这个问题。然而由于专业知识急剧增多，已经无暇细想究竟哪些内容才是必须传授的，而为了提高效率，课时也被相对压缩，根本无法按时完成规定的教学内容，这又进一步导致了"人文"与"技术"两方面课程的争斗，结果教学质量每况愈下。在改进建筑教育的呼声中，培养出的真正具有竞争力的建筑师反而显得越来越少。

从当前的情况来看，如果不对教育方法进行一些改变的话，建筑与结构、艺术与技术分裂的局面不但不会好转，反而会愈来愈严重。因此迫切需要一种更加适合建筑学与结构工程学的教学方式，来帮助学生掌握必要的建筑与结构知识，并树立起正确的技术与美学价值观和思维方式。

这将不仅有助于建筑学专业和结构工程专业相互了解与尊重，并且能够提高他们进行创造性合作的可能性。

在关于建筑结构教育这一方面，大体上有以下几处值得改进：

第一，必须重视结构的概念设计，并改进教学方式。在为未来的建筑师与结构工程师教授结构课程的内容和方式上，应当有一些区别。在设计的早期阶段，建筑师可能会需要在没有结构工程师帮助的情况下进行粗略的结构规划，即使建筑设计的出发点不包含结构因素在内，这一过程通常也都会对建筑物的最终形象产生影响。因此，建筑师学习结构知识的主要目的就是合理选择结构形式并大致估计尺寸，或者更进一步地，创作出具有结构内涵的建筑方案。所以，针对未来建筑师的结构教学应当舍弃烦冗的语言叙述和复杂的公式演算，将主要精力放在结构概念上，以更容易理解的图解语言作为主要媒介，来传达结构力学与结构体系的相关知识以及结构形态的诗意美。

而对结构工程师来说，他们仍需掌握足够的数学与力学知识，才能对已经确定了的结构体系予以分析，并计算出各构件的精确尺寸。但问题的核心是如何使学生发展出一个作为结构构思不可缺少的、以直观为基础的力学意识（static sense）；另一个问题是怎样才能教给他们为探索方向而掌握迅速的、大致的估算[3]。至少，应该在教材中更多地使用图解来分析建筑概念，以深化学生对于形式与力学的直观感受，训练他们借助图形来进行思考，并利用图解法来进行课程设计，掌握更为丰富的设计和表达手段。

第二，教学内容应当具有整体性与连贯性，避免过度专门化。当前的结构课程总是按照各种专门的力学或结构体系分别进行教学的，但即使结构工程师所学应比建筑师更加专门和深入，他们也应该掌握一种宏观的思维方式，才有可能完成更具统一性的作品。同时，进行建筑设计必然是先从总体入手，再从各主要分体系逐渐深入，最后是构件和细部构造。结构课程的教学方式也应与建筑设计的流程具有一致性。因此，必须找到一种与设计过程相适应的结构课程教学方式，使建筑学与结构工程专业的学生具备将专业技术知识概念化并运用到总体设计思路中的能力。

第三，应当强化建筑结构的通识教育，开展建筑结构历史与案例的教学。建筑结构的通识教育将非常有助于两个专业的学生将各自的专业知识融会贯通，并为将来的建筑师与结构工程师之间的创造性合作奠定一个坚实的基础。

有大量实例证明历史中积累的丰富经验是现代工程创新的重要源泉。对建筑结构历史与案例的学习能够大大提高学生的学习兴趣，帮助他们更好地理解结构的本质与内涵，并扩展建筑与结构设计思维的丰富性。选择的案例并不一定要是那些公认比较"好"的建筑，而是偏重于它们的代表性，例如具有突出的结构特点，或具有明显的建筑表现力。

第四，应拓宽学生（尤其是结构工程专业）的视野。梁启超曾在写给梁思成的家书中表示了对其所学太专向的顾虑[4]。如果说建筑学专业的学生还值得担忧的话，那么对于结构工程专业的学生来说，增加建筑学方面的基础课程，并提高人文和美学等方面的修养就显得更为迫切了。这不仅能使他们将来更容易与建筑师进行沟通与合作，也有助于他们设计出更具创新性和美感的结构，还会对其人生大有裨益。

结论

综上所述，消除对建筑设计与结构设计的人为划分，进而提倡一种"综合设计"（total design）的建筑教育观念显得十分必要。"综合设计"是一种既考虑技术与经济两方面因素，又兼顾人的感知与社会因素的完美结合，"将全体进行整体考虑，总体地且有机地进行计划"的设计哲学。这不仅能使两个专业彼此尊重对方的观点，从而在同一水平上去认识和解决结构设计与形态和空间设计的矛盾，也容易使双方的创造性合作在设计的早期阶段成为可能，并且受到欢迎。

西班牙建筑工程师圣地亚哥·卡拉特拉瓦（Santiago Calatrava）设计的作品不仅以富于想象的结构形态、精湛的建筑技术理念和独特的艺术性著称，还体现出对自然、历史与传统等多方面因素的关注与思考。这都得益于他从8岁起在瓦伦西亚艺术与工艺学校（Arts and Crafts School）所受到的绘画训练，以及后来在瓦伦西亚理工大学（Polytechnic University of Valencia）、马德里建筑高级技术学校（Escuela Tecnica Superior de Arquitectura de Madrid）和苏黎世联邦理工学院（Eidgenössische Technische Hochschule Zürich）所获得的多样化教育。通过实践，他将多年学习到的艺术、建筑、土木工程、城市规划与机械技术等领域的知识融会贯通，取得了令人惊叹的成就。他说道："我猜想，所有的工程师都会像孩子一样怀着纯真的梦想去实现自己的理想，然而非常不幸，我们的教育体制压制了这种想象力的发挥，建筑学与工程学的结合成为泡影。创造性被程式化及单一的专业训练所湮没。[5]"尽管并非所有人都具备卡拉特拉瓦那种设计天赋和对艺术的感悟力，也很少有人最终能够像他一样成功，但良好的教育方法能够使建筑师或结构工程师将他们设计的项目变得更具想象力、创造性和美感。如果照此努力，那么这个专业将会远比现在更具吸引力。

注释：

[1] （英）彼得·柯林斯.现代建筑设计思想的演变 [M].英若聪译.北京：中国建筑工业出版社，2010.
[2] （美）戴维·P·比林顿.塔和桥：结构工程的新艺术 [M].钟吉秀译.北京：科学普及出版社，1991.
[3] （意）奈尔维.建筑的艺术与技术 [M].黄运升译.北京：中国建筑工业出版社，1981.
[4] 梁启超.梁启超家书 [M].西安：陕西师范大学出版社，2011.
[5] （美）麻省理工学院.圣地亚哥·卡拉特拉瓦与学生的对话 [M].张育南译.北京：中国建筑工业出版社，2003.

作者：王嵩，同济大学建筑与城市规划学院　博士研究生

声　明

　　2016《中国建筑教育》·"清润奖"大学生论文竞赛本科组优秀奖获奖论文——"新农村背景下闽西传统乡村民居改造策略研究——以长汀'丁屋岭书院'竞赛方案为例"（作者：厦门大学建筑与土木工程学院学生王长庆、邢垚；指导老师：李芝也），其中的"丁屋岭书院"竞赛方案为"2016TEAM20 两岸建筑与规划新人奖"参赛方案，因之前作者参赛团队曾与该竞赛方签订过"未经许可不将参赛方案以其他途径发表、不参与其他专业竞赛"的承诺书，因此该参赛论文违反了双方相关承诺。经作者本人主动申请、"清润奖"大学生论文竞赛评委会同意，撤销此篇论文的"优秀奖"奖项。

　　特此声明！

《中国建筑教育》编辑部
全国高等学校建筑学学科专业指导委员会
2016 年 12 月

基于工程教育理念的建筑学专业实践教学改革与探索 *

张定青　雷耀丽　陈洋

Reform and Exploration of the Practice
Teaching of Architecture Based on
Engineering Education

■摘要：基于工程教育理念，西安交通大学建筑学专业教学改革以培养学生的工程素质、实践能力、创新精神为核心，完善培养方案及专业教学体系构架，设置多层次实践环节，强化对学生的基本技能训练、工程技术能力训练、职业技能训练和综合能力训练，使学生获得技术知识和工程能力的一体化学习经验，提升运用知识解决实际问题的综合实践能力。

■关键词：工程教育理念　建筑学专业实践教学体系　教学改革

Abstract：Based on the idea of engineering education, the core of architecture teaching reform concept is to cultivate the students' engineering quality, practical ability and innovative spirit in Xi 'an Jiaotong University. Through improving the training plan and the framework of professional teaching system, setting up the multi—level practice and strengthening the student' s basic skills training, engineering and technical ability training, vocational skills training and the comprehensive ability training, the students will obtain the integration learning experience of technical knowledge and engineering capabilities, meanwhile their comprehensive practical ability of using knowledge to solve practical problems will be promoted.

Key words：Concept of Engineering Education；Practice Teaching System of Architecture；Teaching Reform

一、工程教育理念指导下的建筑学专业人才培养要求

面对全球经济一体化、新技术快速发展的挑战，现代企业对工程技术人才提出了更高要求。一方面，工程人员掌握专业技术知识的要求不断提高，并且须具备主动学习及知识获取与应用的能力；另一方面，工程人员必须拥有良好的团队协作与创新精神、系统分析能力、高效交流能力及动手实操能力，以适应现代化工程团队以及新产品、新技术开发的需要。为了使高校毕业生具备现代工程师需要的工程基础，CDIO 工程教育理念以现代工

业产品和系统的构思（Conceive）—设计（Design）—实施（Implement）—运作（Operate）的全过程为载体，建立一体化的相互支撑和有机联系的专业培养标准和课程体系，将个人能力、人际交往能力以及建构产品、把控过程和系统的能力培养整合在课程计划中，让学生以主动的、实践的方式学习工程，培养学生更深入地掌握工程技术知识及终生学习能力，具备新产品、过程或系统的开发与运行调控能力，团队合作能力及社会责任感等工程素质和能力 [1]。

CDIO 工程教育的精髓是现代工程师所必须具备的知识、能力和素质的一体化培养，如何将其贯穿落实到高等教育的培养目标、课程体系和整个教学过程中，是高校工程教育改革探索的重要课题。建筑学作为一门具有艺术与技术学科交叉特点的综合性学科，具有鲜明的工程实践特性。建筑无论作为一门古老的行业（营建、建造），还是一种现代的产品（建筑工程、建筑物），构思—设计—实施—运作贯穿其中，并且离不开动手操作、多工种配合和团队协作；而创新性是建筑创作的灵魂，既是建筑作为社会文化与艺术性载体的要求，也是建筑技术发展、人居环境品质提升的要求。当前我国社会发展处于重要战略机遇期和转型期，新型工业化、信息化、城镇化和生态化的发展道路对与之密切相关的建筑学科工程教育提出了新的要求。建筑学专业培养从事规划设计工作的高级工程技术人才，必须关注人居环境可持续发展要求，以培养学生的工程素质、实践能力和创新精神为目标，深入推进多层次、多模式、多方位的工程教育改革实践，为国家现代化建设提供有力的人才支撑。

二、建筑学专业人才培养体系中的工程教育特色

（一）以工程教育理念完善建筑学专业人才培养方案

在工程教育改革背景下，西安交通大学建筑学专业在人才培养方案中进一步明确培养目标，对于毕业生应达到的知识、能力和素质要求，突出了工程教育思想：适应国家社会经济发展与现代化建设需要，具备宽厚的自然科学知识和人文科学素养，掌握扎实的建筑学基本理论、建筑工程技术知识以及广泛的建筑相关领域知识；掌握规划设计方法，具有项目前期策划、建筑设计方案和建筑施工图绘制的能力；具有较强的工程实践能力、良好的创新思维能力以及一定的科学研究能力，具有社会责任感、职业道德及团队协作能力。

近几年开展的建筑学专业教学改革中，努力将新的培养目标与要求贯彻到专业教育中，建立"一条主线贯穿、两条辅线支撑、三个平台衔接"的专业教学体系构架 [2]（图 1）：

一条主线是专业核心课程——建筑设计系列课，从专业启智、基本技能训练、设计入门，到逐步掌握方案构思与设计方法，最后到深化设计分析与研究、综合解决实际问题的设计能力培养。

两条辅线是专业理论与技术课程、集中实践环节，从完善专业理论知识、加强专业素养，以及掌握工程技术知识、强化基本技能和综合实践训练、培养实践能力两个方面，对专业核心课形成配合与支撑。

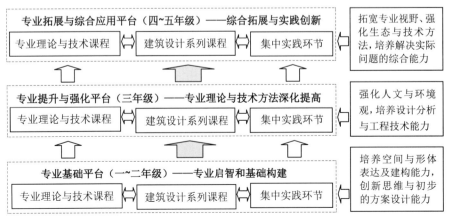

图 1　建筑学专业教学体系构架

三个培养平台中，专业基础平台（一～二年级）是专业启智和基础构建，培养学生的建筑空间与形体认知、表达及建构能力，创新思维与初步的方案设计能力；专业提升与强化平台（三年级）是专业理论与技术方法深化提高阶段，强化人文与环境观，培养学生的设计分析与工程技术能力；专业拓展与综合应用平台（四～五年级）为综合拓展与实践创新阶段，拓宽专业视野、强化生态与技术理念，培养学生解决实际设计问题的能力，提升综合实践能力、团队合作能力。

"一主两辅"三条线贯穿三个培养平台，根据专业教育的阶段性培养目标，形成衔接配合、循序渐进、纵横交织的课程体系。基于CDIO工程教育方法，将课堂内科学和工程技术学习与实际案例的设计、实现和动手学习相结合。例如，对于技术知识与工程能力的掌握经历多个理论与实践交汇的环节：相关建筑技术课程（建筑材料与构造、建筑结构与选型、建筑物理、建筑设备等）结合建筑工程的案例教学、现场教学，使学生增加对技术概念和原理的直观认识；在建筑设计核心课中设置技术设计环节，使学生巩固工程技术知识并在方案设计中加以应用；集中实践环节加强动手实践与应用，使学生在分析问题、解决问题过程中进一步理解建筑构造的原理与方法，常用建筑材料及新材料的性能，以及建筑结构和建筑设备与建筑的安全、经济、适用、美观的关系，并具有合理选用建筑结构、材料、构造的综合应用能力。

在教学组织中，结合文献搜索、案例分析、实地调研、小组讨论、汇报交流等师生互动、小组合作教学环节的设置，引导学生采用主动学习（active learning）方法，开展基于问题的学习（problem-based learning）、基于项目的学习（project based-learning）、探究式学习（inquire-based learning）等，激发学生对工程实践的兴趣，并采用多样化方式进行考核评价，培养学生"提出问题—分析问题—解决问题"的研究方法与实际应用能力，努力形成知识、能力和素质的一体化培养。

（二）将工程教育理念贯穿建筑学专业实践教学体系

以CDIO工程教育为指导思想，根据建筑学人才培养要求，西安交通大学建筑学专业的实践教学体系以提高学生实践能力、创新精神和综合素质为重点，开展各种实习和实训项目。2015版培养方案根据教学体系构架细化实践训练环节，设置三个阶段的实践内容和多层次实践环节，强化对学生的基本技能训练、专业技术方法与工程技术能力训练、职业技能训练和综合能力训练[3]（图2），并注重与理论课、技术课、设计课的衔接配合。

从低年级开始引导学生对工程的兴趣，增加主动学习和动手实践环节，"实体搭建训练"有效提升了学生的空间想象与创新思维能力，材料、结构、构造性能认知、动手实践及团队协作能力；依托跨年级的"本科生导师制"组织的"设计实践"，搭建了学生课外学习与辅导平台，组织学生开展设计实践、设计竞赛、科研训练等创新实践活动，加强了不同年级、不同班级学生之间的交流，培养初步的专业实践能力、科研能力及协作精神。

高年级强调分析问题与解决问题的能力，培养学生的工程意识、团队合作能力以及综合应用的能力。综合实践的核心项目"项目设计"将建筑学与土木工程、建筑环境与能源应用工程专业的学生组成小组，联合进行实际项目的设计实践，建立实际建筑工程项目中完整设计过程及多工种配合的初步体验；"建筑师业务实践"通过在建筑设计单位参与实际工程项目的设计工作，巩固已学的技术知识和设计技能，获得职业建筑师基本素质的培养和业务训练；"毕业设计"选题与实际工程项目结合，设计过程包括"资料收集与文献阅读—基地调研与数据分析—项目定位与策划—任务书细化—设计概念与构思—总体布局—单体建筑设计与环境设计"等多个环节，从社会、文化、环境、生态、技术等多方面进行综合分析与评价，使学生综合运用城市设计、场地设计、建筑设计知识以及建筑技术与法规知识，分析问题、解决问题及研究创新能力得到综合提高。

通过循序渐进、逐步深入的实践环节训练，学生的主动学习、获取知识能力，项目策划、分析构思并完成规划设计方案的工程实践能力，以及综合表达与人际交往、团队协作能力等方面均得到明显提升。

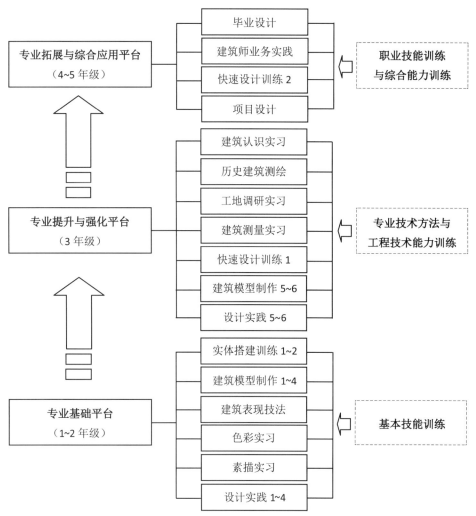

图2 建筑学实践教学体系构架

三、基于工程教育理念的建筑学特色实践教学环节组织

（一）实体搭建——创新实践能力基础训练

1. 题目设置要求

实体搭建是西安交通大学建筑学专业在一年级建筑设计基础教学中开展的实验性教学实践，是对传统的建筑模型制作训练（通常是1∶200或1∶100的小比例模型）的拓展和深化，主要是应用多种材料如板材、线材等进行大比例的甚至是1∶1的实体空间搭建。在实际搭建过程中的切身体验可以使学生深刻理解建筑的材料、构造和结构的表现和特征，包括搭建过程对建筑设计的制约和艺术发挥，进一步提高学生的空间造型能力、动手能力、设计能力以及团队协作能力。

实体搭建教学实践近两次的题目分别设定为"休息·驿站"和"影·舞"，要求搭建出具有一定体量并能满足某种使用功能（如校园中供学生休息聊天、停留驻足等）的空间，该空间应体现材料的特性与光影之美，要求用料合理、空间美观、结构稳固。为了训练学生对不同材料特性的认知，两次搭建分别选用了材质相同但强度与加工特性不同的箱板纸和纸轴。

2. 教学环节组织与实施

学生分成4~5人为一组的团队，以小组为单位完成实体搭建。教学组织包括"方案构思与优化—草模推敲与完善—现场实施与搭建"等几个环节（图3）。前期每个学生都需要分析题目、查阅资料，并提交一个初步的方案构思；经过同学讨论、教师点评，明确每个方案存在的优缺点，最终每个小组通过投票确定一个最优方案作为实施方案。学生根据构思特点，给自己的方案作品取了个性化题名，如"休息·驿站"主题下的"蜗""星空""扬

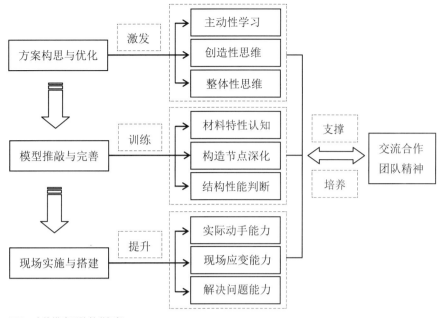

图3 实体搭建训练教学框架

帆""风之谷""魔方空间"，"影·舞"主题下的"曲水流觞""光之走廊""浮光掠影""韵律风暴""三角迷踪"等。

第二步是各个小组需完成1：20或1：10的草模（图4a），进一步推敲、完善方案的使用功能、空间形态以及节点构造。这一环节对最终搭建方案的确定非常关键，因为构件之间如何连接、固定，在这一阶段都必须进行反复的实验与论证。在教学过程中，教师引导学生发现问题、分析问题并自主解决问题，促使学生打破惯有的寻找标准答案的思维模式。如某小组在构件如何有效连接的反复实践中，通过教师启发和学生深入思考，最终摒弃了常用的黏结、绑扎等传统连接方法，而创造性地应用了"鲁班锁"这一新颖的连接方式。

经过方案构思、草模推敲、构件加工与制作等大量准备工作后，每个小组需利用一天的时间完成现场搭建（图4b）。这个过程时间紧、工作量大，还会遇到各种意想不到的突发状况，既考验学生相互协调的能力和工作效率，同时也考察学生的现场应变能力。搭建过程遇到问题后，学生和老师现场讨论解决。除个别小组因结构支撑强度问题搭建失败之外，其余小组均搭建成功（图4c）。在学生自评与互评基础上，年级教学组老师现场点评及打分，一起分析成功或失败的经验。

实体搭建训练获得了良好的教学效果：学生对搭建过程表现出浓厚的兴趣，学习主动性得到有效激发；在教学环节的各个阶段，学生都能积极地就搭建方案和教师进行交流沟通，创新思维得到了有效提升；同时，以小组为单位的工作模式使学生充分意识到团结协作的重要性，在实际搭建过程中遇到问题和困难时，小组成员能够积极沟通，相互体谅，充分发挥每个人的特长，通力合作解决问题。

（二）项目设计——工程实践能力综合训练

1. 题目设置要求

项目设计是西安交通大学人居环境与建筑工程学院大四阶段开设的跨专业联合设计实践课程，遵循"基于项目学习"的工程教育教学方法，将实际工程项目作为设计课题，依托学院土建类专业大平台，通过多专业交流协作，使学生对于完整的建筑工程系统以及工程项目的设计实现建立基本认识和实践体验，也为下一阶段进入设计院进行"建筑师业务实践"打下基础。

项目设计自2013年开始实施，近3年的选题分别是"人居学院节能生态示范楼""彭康楼（学生食堂）综合改造"及"崇实书院学生宿舍楼"，都是学生较为熟悉的校园建筑，任务书中提出应符合国家对建筑工程节地、节能、节水、节材以及环保的要求，考虑设计方案在创新思维与经济适用、结构安全、节能环保等方面的均衡性。

2. 教学环节组织与实施

由建筑学与土木工程、建筑环境与能源应用工程专业的学生共同组成项目设计小组（每个小组8~10人，其中建筑学专业4~5人，组长由建筑学专业学生担任），每个小组配备来自三个专业的指导教师，通过多专业讨论交流推进设计工作。学生在教师指导下制订工作计划，按照工程设计项目"前期调查分析—方案构思—方案设计—成果汇报"的流程设置进度表。

a）1:10草模　　　　　　　　　　　b）搭建场景　　　　　　　　　　　c）建成作品"月洞"

图4　实体搭建过程

前期调查分析是方案构思的基础，主要完成资料收集、基地调研、使用需求调研等工作。例如，对于崇实书院学生宿舍楼的资料收集与文献查询，包括国家相关设计规范、宿舍（公寓）建筑设计原理、相关期刊论文、国内外优秀案例等；基地调研包括在校园环境、周边道路及交通流线、周边建筑空间形态以及日照通风等环境条件的分析；使用需求调研主要通过书院管理老师的访谈、学生问卷调查等方式，掌握书院在使用和管理方面的要求，关注现有学生宿舍空间模式的局限性和对理想空间形式的设想，对现有建筑结构与材料、热舒适性与节能进行基本评价。这一阶段培养学生踏实的工作作风，从实际中掌握使用者需求，并通过调研数据分析图表、基地环境分析图等形式梳理设计条件，发现问题与分析问题。在此基础上，提出项目定位，细化任务书具体功能内容与规模，进行方案构思，提出设计概念并绘制草图。

在小组多方案比较基础上，确定一个有创意特点且较为合理的初步方案进行深化。这一阶段强调学生全面考虑建筑工程系统，要求土木与建环专业的学生积极加入方案的研讨，对于方案的结构体系与结构布置的合理性进行判断，对于暖通空调设置及节能措施提出初步方案。建筑学学生在之前的初步方案中主要关注建筑功能与流线、形体与空间等因素，而忽略了对一些基本结构问题的考虑。通过与土木专业师生的讨论，学生将以往学习的书本知识与实际工程设计要求联系起来，对于建筑方案中应考虑的结构问题不再停留在抽象的概念，对于如何与结构专业配合调整设计方案有了较为深刻的理解。通过从建筑空间、建筑结构技术、能源与设备等不同层面对空间组织及技术方案的探讨，设计方案得以不断调整与完善。

整个项目设计的组织包括多个环节，小组讨论会、QQ群等多种方式的交流是小组工作基本方式，三个专业的教师从不同角度指导学生设计，各专业的学生分工合作完成整体设计与表达，学院统一组织中期答辩和最终答辩。最终的成果包括完整的设计图纸表达（建筑方案、结构布置及节点大样、暖通空调管线布置）和结构、暖通的设计说明及计算书（图5）。答辩过程中，各小组对于方案设计的前期分析与构思立意、建筑设计方案与结构设计方案、暖通空调设计方案、节能设计等进行完整汇报，来自不同专业的教师作为评委对设计进行提问与点评。根据中期答辩和最终答辩获得的小组评分为基准分，指导教师再根据小组中的个人表现给学生总评分。

项目设计提供了土建类三个专业学生学习交流，合作完成一项建筑工程设计任务的平台，学生将所学的专业理论知识与工程实践要求相结合，增加了对于建筑工程相关专业设计内容的了解，学习巩固了工程基础知识，体验了在整体设计中如何多专业相互配合、协调解决设计问题，提高了专业知识的实际应用能力。特别是建筑学专业作为设计组织中的领头羊，在如何与不同专业的指导老师及学生沟通交流，如何在设计中协调好不同专业的关系，以及如何分配任务、高效合作等方面都获得了良好的经验，学生的交流沟通、团结协作及组织协调能力有了较大提升。

图 5　项目设计部分图纸

四、结语

　　以工程教育理念为指导，改革建筑学专业实践教学体系，增强学生的工程意识和学习的主动性，使学生获得了技术基础知识和工程能力的一体化学习经验，掌握了创新思维、操作运用、分析判断、系统集成、演示表达、小组讨论与合作等多种实践方法，同时学校也提高人才培养的工程素质与能力。

（基金项目：西安交通大学2014年本科教学改革项目"基于创新实践能力提升的建筑设计基础教学研究与实践"）

注释：

[1] 顾佩华, 包能胜, 康全礼等 .CDIO 在中国（上）[J]. 高等工程教育研究, 2012（3）：24—40.

[2] 西安交通大学建筑学系 . 建筑学专业本科（五年制）教育评估自评报告 [R].2015.

[3] 西安交通大学建筑学系 . 建筑学专业培养方案 [R].2015.

作者:张定青,西安交通大学人居环境与建筑工程学院建筑学系　副系主任,副教授;雷耀丽,西安交通大学人居环境与建筑工程学院建筑学系　讲师;陈洋,西安交通大学人居环境与建筑工程学院建筑学系 系主任,教授

以社会需求为导向的英国建筑遗产保护教学管窥

——以爱丁堡大学为例

张慧　丘博文

Investigation of Social Demand Oriented British
Education System for Built Heritage Conservation:
Taking University of Edinburgh as an Example

■摘要：英国作为世界遗产大国，其高等教育在建筑遗产保护方面与社会需求紧密结合，并形成了自己的体系。论文以爱丁堡大学建筑保护专业为例，在对其专业概况进行梳理的基础上，从教学平台构建、知识体系架构、教学实践、监控与回馈机制等方面对其教学特色进行了详细阐释，并与国内教学进行比较，以期学习并借鉴英国建筑遗产保护教学经验，为当前我国建筑遗产保护体系的建立和发展以及建筑遗产保护教学的改革与实施提供可资参考的范例。

■关键词：建筑遗产　保护　教学

Abstract：Britain has set up its conservation system for built heritage in the past century, with higher education system properly meeting the social demand in this field.This paper takes MSc Architectural Conservation programme at University of Edinburgh as an example to compare with Chinese education system for built heritage conservation by analysing the teaching organisation, course structure, practical activities, feedback system, etc.This is expected to explain the British system clearly, which is believed referable for improving and developing heritage conservation education as well as current heritage conservation system in China.

Key words：Built Heritage；Conservation；Education

一、引言

　　英国作为世界遗产大国，当前其列级建筑约有 47 万个，保护区约 9 万片。自 1908 年苏格兰、威尔士及英格兰相继设立专职负责清查古迹遗址的管理机构——皇家历史遗迹委员会（Royal Commission on the Ancient and Historical Monuments）以来，经过近百年的持续建设，至今在建筑遗产的记录、存档、管理、有效利用等方面，已建立起完备的体系。与之相对应，英国的高等教育在建筑遗产保护方面与社会需求紧密结合，亦形成自己的体系，为建筑保护工作的持续发展提供人才保障。

英国建筑遗产保护的相关课程主要设置在硕士研究生阶段，并专门设置建筑保护专业，学制一般为全职研究生 1 年，兼职研究生 2 年，属于授课型硕士。该专业以从事与建筑保护相关的职业为培养目标，侧重技能的培养。为了保证教学质量、统一标准，由英国建筑保护专业人员设立的权威机构——历史建筑保护学会（Institute of Historic Building Conservation）负责对全国的历史保护相关课程进行认证。当前英国设有相关硕士点并持续招生的高校有 15 所，相关机构 1 处（暂停或不再招生的有 4 所）。而各个单位根据自身的资源特色、师资条件、研究重点等，又形成各自的办学特色，对学生的入学条件要求不尽相同，通过课程认证的专业名称亦不相同（表1）。下面以爱丁堡大学建筑保护专业为例进行详细分析。

经过英国历史建筑保护协会认证课程的专业 表1

认证编号	专业	学位	开设机构	备注
IHBC001	历史建筑保护 Historic Building Conservation	理学硕士(MSc)	朴茨茅斯大学	
IHBC002	历史环境保护 Historic Environment Conservation	文学硕士(MA) 深造文凭(PG Dip)	伯明翰大学	停止招生
IHBC002b	历史环境保护 Historic Environment Conservation	文学硕士 深造文凭	伯明翰城市大学	
IHBC004	建筑保护 Architectural Conservation	文学学士(BA)	德比大学	停止招生
IHBC006	建筑保护 Architectural Conservation	理学硕士	爱丁堡大学	
IHBC007	建筑保护 Architectural Conservation	文学硕士 深造文凭	普利茅斯大学	暂停招生
IHBC008	欧洲城市保护 European Urban Conservation	理学硕士	邓迪大学	停止招生
IHBC009	历史保护 Historic Conservation	理学硕士	牛津布鲁克斯大学	与牛津大学继续教育学系合办
IHBC010	历史环境保护 Conservation of the Historic Environment	理学硕士	雷丁大学	
IHBC011	建筑保护 Conservation of Buildings	理学硕士	安格利亚鲁斯金大学	
IHBC012	建筑保护与再生 Building Conservation and Regeneration	理学硕士	中央兰开夏大学	2010 年前，名为建筑保护 (Architectural Conservation)
IHBC013	历史建筑保护 Conservation of Historic Buildings	理学硕士	巴斯大学	
IHBC014	建筑保护 Building Conservation	深造文凭	建筑联盟学院	暂停招生
IHBC015	保护与再生 Conservation and Regeneration	文学硕士	谢菲尔德大学	停止招生
IHBC018	建筑保护 Building Conservation	理学硕士	威而德•唐兰露天博物馆 (The Weald and Downland Open Air Museum)	
IHBC019	历史建筑保护 Historic Building Conservation	高等教育证书 (Certificate of Higher Education)	剑桥大学	仅认证专业技术课程
IHBC20	建筑保护 Building Conservation	理学基础学位 (FdSc)	金斯顿大学	通过建筑工艺学院(Building Crafts College)进行授课，学生需具备相关学历，其修读课程方能获得认可
IHBC21	历史建筑保护 Historic Building Conservation	理学硕士	金斯顿大学	
IHBC22	建筑可持续保护 Sustainable Building Conservation	理学硕士	卡迪夫大学	
IHBC23	建筑保护（技术与管理） Building Conservation (Technology and Management)	理学硕士	赫瑞•瓦特大学	
IHBC24	文物建筑的保护性设计 Architectural Design for the Conservation of Built Heritage	理学硕士	思克莱德大学	
IHBC25	建筑保护 Architectural Conservation	理学硕士	肯特大学	
IHBC26	保护研究（历史建筑） Conservation Studies (Historic Building)	文学硕士	约克大学	
IHBC27	建筑历史 Building History	研究硕士(MSt)	剑桥大学	仅认证哲学、实践、研究、记录及分析方向

二、爱丁堡大学建筑保护专业概况

1. 建筑保护专业办学条件

在爱丁堡大学，该专业的名称为"建筑保护"（Architectural Conservation），因为它不仅注重历史建筑遗产保护，而且也将现代建筑保护列入研究范畴。该专业最初成立于 1968 年，至今已经有 40 多年的历史，是英国境内该领域成立最早、建设发展历时最长的专业。它隶属于爱丁堡大学爱丁堡艺术学院（Edinburgh College of Art，ECA）爱丁堡建筑学与景观建筑学校（Edinburgh School of Architecture and Landscape Architecture，ESALA），同时也是苏格兰保护研究中心（Scottish Centre for Conservation Studies，SCCS）的一部分，并是英国为数不多的课程通过历史建筑保护学会认证的专业之一。其学生所获得的学历亦受到业界的广泛认可。

该专业以爱丁堡大学坐落于欧洲著名的世界文化遗产城市——爱丁堡——的地理优势为依托，利用城市中各色中世纪、古典主义及现代主义风格的建筑直接为学生们提供研究的案例，并将这些案例与课堂教学紧密结合。此外，爱丁堡大学丰富的多学科的学术基础设施和设备，亦为该专业发展提供了丰富的资源。

2. 建筑保护专业教学目标

建筑保护专业的研究生来自世界各地，对学生第一学历背景要求比较宽泛，包括建筑学、历史、城市规划、建筑工程和室内设计等专业。其教学目标是使学生获得广泛的知识基础和必要的专业技能，毕业后能够从事历史保护相关行业，包括从遗产管理到保护建筑设计等。

为完成学业，学生们需要熟悉历史与理论基础，在规划及设计过程中能够应对历史建筑保护的挑战，掌握记录与研究技能，学习建造修复技术，了解规划法的作用，分析位于历史场域中的当代建筑和涉猎建造经济，并对现代主义运动中的建筑与城市规划成果进行特殊保护等。同时，课程在诸如项目管理、历史研究、绘图及口头交流等方面有意使学生发展更多的操作技巧与方法，并充分发挥学生的主观能动性和特长，使培养的人才具有多样性。

3. 建筑保护专业课程架构

硕士研究生的全部教学活动由授课与学位论文两部分构成，其中讲授的课程安排在第一、二学期（9月至第二年4月），包括必修课和选修课，共占 120 学分；第三学期（第二年 5 月至 8 月）为学位论文写作，占 60 学分（即取得硕士学位共需要修 180 学分）。

该专业利用爱丁堡作为世界遗产地的特殊地位，结合授课老师的研究重点，将其讲授课程的内容主要集中在以下方面：保护理论、保护技术、反思与历史、城市保护、世界遗产、20 世纪的建筑遗产、协调遗产与新建筑的冲突等。授课部分以去德国的集中实地考察作为结束。这次考察作为建筑保护历史与理论的补充，精心选择参观对象并进行现场讲解，给学生提供了在异地探索保护问题的机会，同时特别注重研究方法的介绍以为后续学位论文写作做准备。讲授课程的评估方式包括个人论文写作、小组合作项目及其汇报展示、设计训练和撰写报告。其专业课程架构与作业要求详见表 2。除了正规的教学，SCCS 与当地各遗产保护组织的密切合作关系以及正在迅速发展的国际学术联系，为学生参与社会实践提供了多种机会。

对于学位论文写作，学生们根据所学课程，就建筑保护的某个方面进行研究并撰写一篇约 1.5 万词的论文。整个过程都有专家进行专门指导，通过不断的监督与审查以保证教学质量与标准并进行必要的提升。

三、爱丁堡大学建筑保护专业教学特色

1. 以社会需求为导向的联合教学平台构建

爱丁堡大学艺术学院建筑保护专业以爱丁堡历史城区和世界遗产地为基础，构建起了高校、SCCS 以及英国相关建筑遗产保护组织协力合作的联合教学平台，以教、研结合的方式为学生提供前沿的专业知识和资源。

在教学中，学校与苏格兰当地完善的建筑遗产保护组织网络和专业人员紧密结合，邀请业界众多专家、学者进入课堂，直接参与教学工作。这些组织的专业人员具有丰富的工程实践经验，他们将最新的保护案例和专业知识带进课堂，使学生及时了解行业的发展动向和社会需求，并加强了高校与社会的联系，带动了知识的不断更新。而高校教师长于理论研究，双方各有所长。通过联合教学平台，可以互相取长补短，从而加强双方的学术交流，有助于专业人才的培养和全面发展。

同时，每学年第二学期的建筑保护名家讲座（Masterclass）成为其另一教学特色。它邀请来自建筑保护领域各学科的国内外先锋人物，为学生及来自社会各界的听众讲解建筑保护的一些重要议题，包括成功案例、前沿技术、热点争议等。在历次公开讲座之前，主讲人会与学习课程的学生先进行小规模的研讨。在这一环节中，主讲人会引入议题并启发学生开展理性讨论，使学生带着问题聆听之后的公开讲座，从而对该议题进行深入的思考。通过这一系列讲座，为学生提供一个了解国内外建筑保护领域前沿知识的窗口；并使学生可以面对面与业内专家展开交流、研讨，

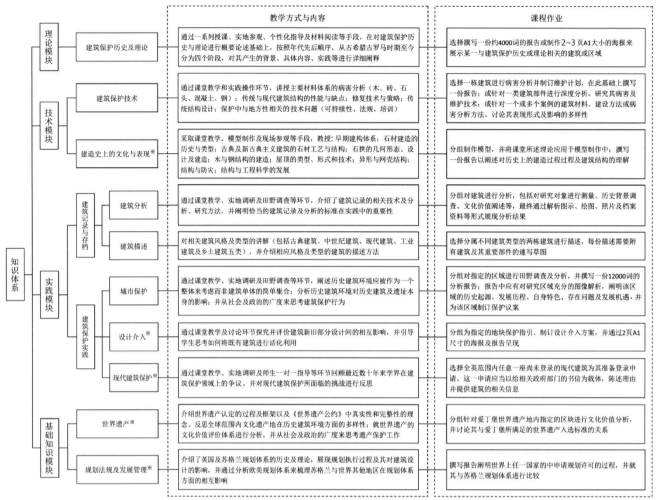

知识体系			教学方式与内容	课程作业
理论模块	建筑保护历史及理论		通过一系列授课、实地参观、个性化指导以及材料阅读等手段，在对建筑保护历史与理论进行概要论述基础上，按照年代先后顺序，从古希腊古罗马时期至今分为四个阶段，对其产生的背景、具体内容、实践等进行详细阐释	选择撰写一份约4000词的报告或制作2~3页A1大小的海报来展示某一与建筑保护历史或理论相关的建筑或区域
技术模块	建筑保护技术		通过课堂教学和实践操作环节，讲授主要材料体系的病害分析（木、砖、石头、混凝土、钢）；传统与现代建筑结构的性能与缺点；修复技术与策略；传统结构设计；保护中与地方性相关的技术问题（可持续性、法规、培训）	选择一栋建筑进行病害分析并制订维护计划，在此基础上撰写一份报告；或针对一类建筑部件进行深度分析，研究其病害及维护技术；或针对一个或多个案例的建筑材料、建设方法或病害分析方法，讨论其表现形式及影响的多样性
	建造史上的文化与表现※		采取课堂教学、模型制作及现场参观等手段，教授：早期建筑体系；石材建造的历史与类型；古典及新古典主义建筑的石材工艺与结构；石拱的几何形态、设计及建造；木与钢结构的建造；屋顶的类型、形式和技术；异形与网壳结构；结构与防灾；结构与工程科学的发展	分组制作模型，并将课堂所述理论应用于模型制作中；撰写一份报告以阐述对历史上的建造过程过程及建筑结构的理解
实践模块	建筑记录与存档	建筑分析	通过课堂教学、实地调研及田野调查等环节，介绍了建筑记录的相关技术及分析、研究方法，并阐明恰当的建筑记录及分析的标准在实践中的重要性	分组对建筑进行分析，包括对研究对象进行测量、历史背景调查、文化价值阐述等，最终通过解析图示、绘图、照片及档案资料等形式展现分析结果
		建筑描述	对相关建筑风格及类型的讲解（包括古典建筑、中世纪建筑、现代建筑、工业建筑及乡土建筑五类），并介绍相应风格及类型的建筑的描述方法	选择分属不同建筑类型的两栋建筑进行描述，每份描述需要附有建筑及其重要部件的速写草图
	建筑保护实践	城市保护	通过课堂教学、实地调研及田野调查等环节，阐述历史建筑环境应被作为一个整体来考虑而非建筑单体的简单集合；分析历史建筑环境对历史建筑及遗址本身的影响；并从社会及政治的广度来思考建筑保护行为	分组对指定的区域进行田野调查及分析，并撰写一份12000词的分析报告；报告中应有对研究区域充分的图像解析，阐明该区域的历史起源、发展历程、自身特色、存在问题及发展机遇，并为该区域制订保护议案
		设计介入※	通过课堂教学及讨论环节探讨并评价建筑新旧部分设计间的相互影响，并引导学生思考如何将既有建筑进行活化利用	分组为指定的地块保护指引、制订设计介入方案，并通过2页A1尺寸的海报及报告呈现
		现代建筑保护※	通过课堂教学、实地调研及师生一对一指导等环节回顾最近数十年来学界在建筑保护领域上的争议，并对现代建筑保护所面临的挑战进行反思	选择全英范围内任意一座尚未登录的现代建筑为其准备登录申请。这一申请应当以给相关政府部门的书信为载体，陈述理由并提供建筑的相关信息
基础知识模块	世界遗产※		介绍世界遗产认定的过程及框架以及《世界遗产公约》中真实性和完整性的理念。反思全球范围内文化遗产地在历史建筑环境方面的多样性；就世界遗产的文化价值评价体系进行分析，并从社会及政治的广度来思考遗产保护工作	分组针对爱丁堡世界遗产地内指定的区块进行文化价值分析，并讨论其与爱丁堡所满足的世界遗产入选标准的关系
	规划法规及发展管理※		介绍了英国及苏格兰规划体系的历史及理论，展现规划执行过程及其对建筑设计的影响，并通过分析欧美规划体系来梳理苏格兰与世界其他地区在规划体系方面的相互影响	撰写报告阐明世界上任一国家的申中请规划许可的过程，并就其与苏格兰规划体系进行比较

注：加 ※ 为选修课

成为保持该专业持续发展的有效途径之一。

　　此外，学校与许多重要组织展开项目合作，使学生有机会参与当前正在实施的项目。这些组织包括苏格兰文物局（Historic Environment Scotland）、英国地质调查所（British Geological Survey）、苏格兰国民信托（National Trust for Scotland）、爱丁堡世界遗产信托基金（Edinburgh World Heritage Trust）、杜伦大学、苏格兰建筑遗产协会（Architectural Heritage Society for Scotland）、奥克尼群岛议会（Orkney Islands Council）、爱丁堡市议会（Edinburgh City Council）、苏格兰皇家建筑师学会（Royal Incorporation of Architects in Scotland，RIAS）以及国际现代建筑遗产保护理事会国际委员会（DOCOMOMO International）和其他国际合作大学。而通过与这些组织合作，SCCS每年都举办大量的会议和学术研讨。这些公共活动给学生提供了参与学术活动并展示自己学习成果的机会。

2. 以社会需求为导向的系统化知识体系架构

　　该专业的课程设置以建筑遗产保护所涉及的相关问题为基础，分理论、技术、实践与基础知识四个模块进行系统讲授。以保护历史与理论和保护技术两门核心课程为支撑，强调以历史发展的眼光看待建筑遗产保护问题。

　　建筑保护历史与理论（History and Theory of Conservation）这门课程对古希腊和罗马时期一直到当代的建筑保护历史和理论进行了详细梳理，围绕修复和保护这两条线索，对其产生的背景、具体内容、实践等进行了详细阐释，以使学习者掌握建筑保护的伦理基础和历史发展过程，从具体的历史环境来理解相关保护理论。

　　对于任何建筑保护项目，技术都是一个重要部分，它不仅要保证原始结构的稳定性和耐久性，而且要保护历史建筑特色并使之流传下去。保护技术（Conservation Technology）这门课程在对历史建筑保护的技术与相关策略论述基础上，重点分析了材料与建筑整体的病理和修复问题以及在建筑介入的设计过程中的技术问题。其授课、实地参观涵盖传统和现代的建造手法，并考虑影响建筑的环境和结构的作用。建造史中的文化与表现（Culture and Performance in the History of Construction）作为技术保护这门课的补充，对不同历史时期建造体系的结构表现形式、技术及相关问题进行纵向梳理，并纳入了模型制作环节。除了技术问题和设计策略，更强调各种建造类型和形式的文化属性、产生的原因以及发展演变过程和规律。学生通过调查建筑类型及其评价建造工艺、设计思路和材料应用，对使用不同工程材料及部件的历史结构及建设手段进行分析；通过模型制作以及恰当的仿真测试技术，对该建筑形式的结构性能和建造工艺进行批判性分析。这些过程加深了学生对不同材料、结构形式、建造技术的理解和认识，也加强了其动手能力和协作精神。

保护实践模块分为两个层面。一是针对建筑遗产的记录与存档，设置建筑分析（Building Analysis）、建筑描述（Building Description）两门课程，与建筑保护相关机构的工作密切联系。建筑描述主要是让学生了解建筑的主要风格、种类及术语等，并培养学生通过绘图及文字准确描述建筑的能力。建筑分析主要是学习建筑记录的多种方法并能将其应用于历史建筑的测绘及分析。在一栋指定的建筑中通过实践操作，以小组合作方式完成测绘、记录、分析等工作，其成果甚至可直接服务于遗产保护机构。二是针对建筑保护实践，设置城市保护（Urban Conservation）、设计介入（Design Intervention）与现代建筑保护（Conservation of Modern Architecture）三门课程，从宏观到微观，探讨保护与设计的相关问题。城市保护这一课程使学生认识环境的多重属性，从历史发展、空间肌理、经济环境及社区功能的角度理解某地区的特征；认识经济社会因素对城市保护的影响，并对影响城市保护的各因素间复杂的相互关系进行批判性思考。设计介入则从单体建筑设计的角度，使学生熟悉建筑设计的技能及过程，理解既有建筑的设计思路及新建结构对既有建筑肌理的影响。现代建筑保护这门课程要求学生了解与现代主义及 20 世纪后期建筑相关的历史、建筑语汇及技术，了解与现代建筑相关的保护议题，并能将相关知识应用在建筑报告及评论中。作业要求学生选取一栋自己认为应被但尚未被纳入英国列级保护范围的建筑，根据英国列级建筑保护的要求进行分析，阐释列入保护范畴的理由，具有很强的针对性。

基础知识模块主要包括世界遗产（World Heritage）与规划法规及发展管理（Planning Law and Development Management）两门课程。世界遗产在于使学生建立起遗产保护的国际视野，理解世界遗产分类的理念及世界遗产与其历史发展、物理特征和社会经济文化背景的关联，分析世界遗产地的自然与文化间的相互作用及其对保护工作的影响，认识旅游业对世界遗产的影响。规划法规及发展管理意在使学生了解规划过程中的法律法规及地方政府与从业者在其中的角色，理解并交流其他国家（地区）申请规划许可的流程，以历史及国际发展的角度理解苏格兰规划体系。

由以上分析可以看出，这四个知识模块相互联系、相互支撑而又重点突出，构建起建筑保护的整体知识体系。特别是建筑保护实践模块与社会需求紧密相连，充分体现出教育服务社会的宗旨。

3．以社会需求为导向的参与式、体验式教学实践

结合理论教学，安排一系列的实地现场参观（第一、二学期共 25 项参观，几乎每周一次），参观对象包括爱丁堡及其周围的重要建筑遗产，现场由教师或研究人员讲解。通过身临其境，学生能够亲身体验和感受建筑室内外空间与保护成果；聆听现场讲解后，学生能更深刻地理解建筑保护的策略、措施及其动因，深化了对课堂所学内容的理解，从而将理论与实践密切结合起来。实践课程最具特色的一项就是每年去德国的实地调研。教师现场讲解并与同学们就相关问题展开讨论，特别是保护历史与理论课所提出的相关问题，包括政治与意识形态的推动与保护的关系、城市保护的历史、伤感记忆与大屠杀后遗产的增长、战后重建的挑战与成果等，进一步丰富了所学内容。

同时，课程安排了大量模型制作、工作坊实地操作等体验训练，并突出体现在保护技术相关课程中。对于不同时期、不同材料、不同形式建筑的建造技术，学生们分组在模型工作室进行部件建筑模型的建构、体验和分析（图1，图2），从而了解材料性能、节点做法、结构受力状况等，既锻炼了学生的动手能力，又加深了他们对材料的感知以及对课上所学内容的理解。在校外合作单位的工作坊或操作车间，同学们通过自选石材、砌墙、凿墙缝、勾墙缝、石材打凿、雕塑等实践操作活动，体验不同工种的特性和工作技巧（图3，图4）。

4．以社会需求为导向的教学网络资源和实时监控与回馈机制

苏格兰保护研究中心硕士课程的相关运行充分利用网络资源，并一直处于完善过程中。一方面，在校园网络系统的"LEARN"学习管理系统中共享了所有学科模块的课件、讲义、丰富的阅读资料及其他资源，教师每年根据学术的发展动向及相关研究的最新进展，对知识进行补充和更新。学生一经登记便可通过桌面和移动端访问这些资源。另一方面，建立课程的实时监控与回馈机制，该课程的毕业生就业情况被持续跟踪调查、反馈，以确保教学的标准得到修正、质量得到提高。学生反馈的落实，其一是通过员工及学生委员会代表表达，其二是在研究生教学计划委员会针对该专业设置的评估质询系统中运行，这些过程都是该学科项目整个的监测、自省过程中不可或缺的重要部分。

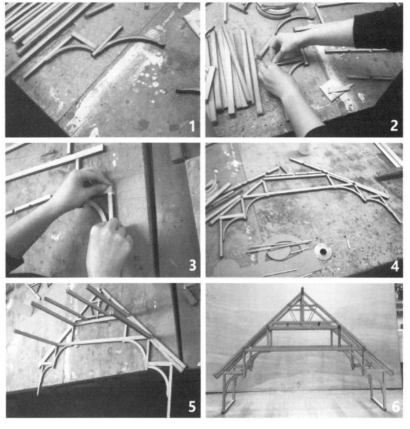

图1　模型制作过程

图2　模型制作指导

图3　石材打凿实践

图4　石墙砌筑实践

四、结语

　　国家建筑遗产保护体系的健全和发展离不开高等教育对人才的培养和输送。当前，我国硕士研究生的学制一般为 2.5~3 年，虽然分为学术型和专业型硕士两类，但学制基本相同，而且对于大部分院校而言，其培养目标和培养模式并没有太大区别。对于建筑遗产保护，除了少数院校(如深圳大学、华南理工大学)硕士研究生教学中专门设有历史建筑保护专业方向，其余主要是在建筑历史与理论专业方向的教学中设置部分与建筑保护相关的课程，而且各个院校主要依据自身师资条件和研究重点自行安排。对于建筑遗产保护专业，各高校并未形成统一的认识和要求，也没有系统化的课程体系；而建筑历史与理论专业方向硕士与博士研究生的培养目标更为接近，以研究型为主，不能满足建筑遗产保护对多样化人才的需求，亦与我国作为具有五千年人类文明史的建筑遗产大国的身份不相匹配。因此，学习并借鉴英国建筑遗产保护教学经验，对于我国当前建筑遗产保护体系的健全和发展以及建筑遗产保护教学的实施与改革具有重要的借鉴意义。

（基金项目：国家留学基金委资助项目；河北省教育厅人文社会科学重大课题攻关项目，项目编号：ZD201409；河北省社会科学基金项目，项目编号：HB15YS065；河北工业大学 2014 年教育教学改革研究项目，项目编号：201403015）

注释：

[1] 英国的建筑文化遗产主要分为列级建筑 (Listed Building，主要指建筑遗产)、在册古迹 (Scheduled Ancient Monuments，主要指考古遗产) 和保护区 (Conservation Area) 三类。

参考文献：

[1] BBC.10% of wales' listed buildings may be lost，says expert [EB/OL].BBC News，2011.http：//www.bbc.co.uk/news/uk-wales-15320490 (2016-08-25)．

[2] English Heritage.Listed buildings [EB/OL].2011.http：//www.english-heritage.org.uk/caring/listing/listed-buildings (2015-02-15)．

[3] Historic Scotland.What is listing? [EB/OL].2013.http：//www.historic-scotland.gov.uk/index/heritage/historicandlistedbuildings/listing.htm (2015 08 20)．

[4] Northern Ireland Environment Agency. Criteria for listing - a consulation on proposed revisions to：Annex c of planning policy statement 6 [R].Belfast：Northern Ireland Environment Agency，2010.

[5] 朱晓明.当代英国建筑保护 [M].上海：同济大学出版社，2007.

[6] 狄雅静，吴蒽.英格兰建筑遗产记录研究 [J].新建筑，2012 (4)：32.

[7] Institute of Historic Building Conservation.Ihbc recognised courses [EB/OL].2014.http：//ihbc.org.uk/learning/page35/index.html (2016-08-25)．

[8] University of Edinburgh.Architectural conservation - msc [EB/OL].The University of Edinburgh，Edinburgh College of Art，2016.http：//www.eca.ed.ac.uk/architecture-landscape-architecture/postgraduate/taught-degrees/architectural-conservation-msc (2016-08-24)．

[9] University of Edinburgh.Postgraduate course：History and theory of conservation (arch11129) [EB/OL].DRPS：Course Catalogue：Edinburgh College of Art：Architecture and Landscape Architecture，2014.http：//www.drps.ed.ac.uk/14-15/dpt/cxarch11129.htm (2016-08-24)．

[10] University of Edinburgh.Postgraduate course：Conservation technology (area11017) [EB/OL].DRPS：Course Catalogue：Edinburgh College of Art：Architecture and Landscape Architecture，2014.http：//www.drps.ed.ac.uk/14-15/dpt/cxarea11017.htm (2016-08-24)．

[11] University of Edinburgh.Undergraduate course：Culture and performance in the history of construction.(arch10023) [EB/OL].DRPS：Course Catalogue：Edinburgh College of Art：Architecture and Landscape Architecture，2014.http：//www.drps.ed.ac.uk/14-15/dpt/cxarch10023.htm (2016-08-24)．

[12] University of Edinburgh.Postgraduate course：Building description (area11014) [EB/OL].DRPS：Course Catalogue：Edinburgh College of Art：Architecture and Landscape Architecture，2014.http：//www.drps.ed.ac.uk/14-15/dpt/cxarea11014.htm (2016-08-24)．

[13] University of Edinburgh.Postgraduate course：Building analysis (arch11194) [EB/OL].DRPS：Course Catalogue：Edinburgh College of Art：Architecture and Landscape Architecture，2014.http：//www.drps.ed.ac.uk/14-15/dpt/cxarch11194.htm (2016-08-24)．

[14] University of Edinburgh.Postgraduate course：Urban conservation (arch11196) [EB/OL].DRPS：Course Catalogue：Edinburgh College of Art：Architecture and Landscape Architecture，2014.http：//www.drps.ed.ac.uk/14-15/dpt/cxarch11196.htm (2016-08-24)．

[15] University of Edinburgh.Postgraduate course：Design intervention (area11002) [EB/OL].DRPS：Course Catalogue：Edinburgh College of Art：Architecture and Landscape Architecture，2014.http：//www.drps.ed.ac.uk/14-15/dpt/cxarea11002.htm (2016-08-24)．

[16] University of Edinburgh.Postgraduate course：Conservation of modern architecture (area11015) [EB/OL].DRPS：Course Catalogue：Edinburgh College of Art：Architecture and Landscape Architecture，2014.http：//www.drps.ed.ac.uk/14-15/dpt/cxarea11015.htm (2016-08-24)．

[17] University of Edinburgh.Postgraduate course：World heritage (arch11198) [EB/OL].DRPS：Course Catalogue：Edinburgh College of Art：Architecture and Landscape Architecture，2014.http：//www.drps.ed.ac.uk/14-15/dpt/cxarch11198.htm (2016-08-24)．

[18] University of Edinburgh.Postgraduate course：Planning law and development management (arch11130) [EB/OL].DRPS：Course Catalogue：Edinburgh College of Art：Architecture and Landscape Architecture，2014.http：//www.drps.ed.ac.uk/14-15/dpt/cxarch11130.htm (2016-08-24)．

[19] 深圳大学建筑与城市规划学院.深圳大学 2017 年硕士学位研究生招生专业介绍 - 建筑与城市规划学院 [EB/OL].2016.http：//yz.szu.edu.cn：8080/szu-yjs-web/admin/adm/views/zsbm/zsbmReport.html?zsbmld=91&zydm=085100#085100 (2016-08-24)．

[20] 华南理工大学招生工作办公室.华南理工大学 2016 年硕士研究生招生专业目录 [EB/OL].2015.http：//202.38.194.239/yanzhao/2016zsjz/ss/index.asp (2016-08-24)

图片来源：

图 1：由 Petri Mutanen、王迦畔拍摄
图 2~ 图 4：由作者拍摄

作者：张慧，河北工业大学建筑与艺术设计学院 副教授，爱丁堡大学访问学者；丘博文，英国爱丁堡大学爱丁堡艺术学院建筑保护理学硕士，英国思克莱德大学建筑系在读博士研究生

环境设计初步教学模式探究

——以美国俄亥俄州立大学为例

王琼　于东飞　张蔚萍

"Environmental Preliminary Design" Teaching
Research: Taking Ohio State University as an
Example

■摘要：论文基于环境设计专业办学思路重新定位和办学方向拓展的学科背景，反思我国环境设计初步课程教学现状，并通过笔者对美国俄亥俄州立大学相关专业课程教学现状的对比调查研究，探讨我国环境设计初步课程教育教学改革向平台式、尺度模块式、开放选题式等方向转型的新模式。

■关键词：环境设计初步　教学模式　教学改革

Abstract：This paper based on the re-position and expansion of environmental design disciplines' background, by reflecting the current situation of the preliminary design course in China, and by the contrast research of related coursed in Ohio state university, and it tries to explore preliminary education teaching reform model to environment design disciplines such as platform way, scale module way, open topics way and so on.

Key words：Preliminary Design；Teaching Mode；Teaching Reform

　　环境设计是隶属于艺术学一级学科下设计艺术学的专业，随着我国经济建设的发展，环境设计专业人才对市场经济中景观、园林以及室内等工程方面的贡献有不可替代的作用。在我国，环境设计虽为新兴专业，但开办专业的学校早已超过千所[1]。基于该专业对设计艺术学学科建设的重要性，国务院学术委员会在 2012 年将环境艺术设计专业更名为环境设计，而这一举措对于该专业来说必将带来办学思路的重新定位和办学方向的拓展。从专业发展趋向而言，环境设计专业急需突出专业特色，走出面临建筑学学科下设风景园林设计、农学学科下设园林设计等多面夹击的办学尴尬，及单纯侧偏室内设计造成人才培养方向狭窄的现状。基于此，对原有环境设计初步课程的教学改革，从其对专业人才培养方向的定位、专业基础知识内容的调整及与其他专业核心设计课程的衔接等方面显得更加重要和迫切。

一、国内环境设计专业设计初步教学现状

一个完善的环境设计教学体系的建立，初步教学是基础也是根基。当前我国环境设计教学体系中，"设计初步"通常包括通识教学、理论教学、实践教学、营造教学等几个部分。通过笔者多年来的基础教学经验及对同类院校的调研发现，目前国内环境设计专业"设计初步"教学模块存在以下几个方面的问题。

（一）课程设置方面

"设计初步"系列课程没有形成完善的模块体系，并存在断层现象，表现为理论教学与实践教学的断层及环境设计初步系列课程相互之间的断层。理论教学的知识不能在实践教学中得到巩固。实践教学安排从训练目的、空间尺度、设计主题等方面缺少逻辑衔接关系，难以循序渐进地培养学生的基础能力。

"设计初步"与高年级专业核心课之间相互衔接度不够，衔接关系也不够灵活。比如植物学的相关知识是学生在高年级中外环境设计课中常常用到的专业常识，但是相关知识点在环境设计初步中却很少涉及。

（二）课程建设方面

设计初步精品课程建设急待加强。从国家精品课程资源网提供的资料可以看出，目前大学本科艺术类专业国家精品课程建设，只有南京艺术学院邬烈炎教授2009年的获批的"设计基础"，除此之外并无其他"设计初步"专业基础教学的精品课程。

（三）平台建设方面

设计初步平台课程建设，对于整合相关学科基础教学资源意义深远。同属艺术学学科的环境设计、城市雕塑、艺术与技术、视觉传达、产品设计等专业之间学科边缘模糊，设计初步基础教学有较多交叉内容，在专业基础教育方面有较多相似之处，存在一定的资源浪费现象。

（四）教学内容方面

"环境设计初步"是学生认识专业、了解专业的启蒙环节，其教学内容决定了学生对专业方向的认知。但目前该课程的教学内容并未走出传统建筑学基础教学模式，不能体现环境设计专业特有的专业培养定位和培养方向，从教学内容定位到细节上都急需充分结合专业发展特色而进行内容及教学方法的重构。

随着国家对创新人才培养及卓越工程师素质教育要求的不断提高，环境设计初步教育教学改革势在必行。国内开办本专业较早的大学，如清华大学美术学院、中央美术学院等目前是该专业发展的龙头和导向，但国内兄弟院校加强横向学术交流的同时，吸收欧美先进的教学经验也是当前教学改革中非常迫切的任务。

美国目前的学科专业分类尚无环境设计专业，而是将环境设计专业的办学内容分散在建筑学院的景观设计（Landscape Architecture）方向，以及艺术学院的室内设计（Interior design）和城市公共艺术（Urban Public Art）方向。笔者利用在俄亥俄州立大学访学一年时机，跟听并实地调研了俄亥俄州立大学建筑学院及艺术学院的"设计初步"教学课程，总结如下，希望可以对国内同行在环境设计专业的基础教学方面有所帮助。

二、美国相关专业"设计初步"教学研究

（一）平台化基础课程体系

相关专业集约式的公共平台课程设置是美国俄亥俄州立大学很成熟的教学模式。就初步相关课程来看，建筑学院的"设计初步"是同时面向学院建筑学、城市规划专业开设的，只是在课程作业中，因专业研究方向的不同，表现为对同一场地研究视角的差异。同样该校艺术学院的"设计初步"课程也是面向该学校室内设计、城市公共艺术、雕塑等专业同时开设的，极大地集约了教学资源并开阔了学生的视野。

（二）递进式教学环节设置

1. 并行设置的理论教学环节

俄亥俄州立大学设计初步课程分为设计入门理论教学和实践教学两个部分同时进行，可以迅速地将理论教学的内容应用到设计实践教学过程中。设计入门课程（Outlines of the Built Environment[1]）课程，作为第一门专业入门的理论课，主要从对历史上的著名的建筑与园林环境作品进行解析分析，课程中很多专业术语词汇、概念和图表等都是学生必须掌握并熟练背诵的。课程涵盖了大量建筑和景观环境设计职业生涯中必不可少的基础知识和案例材料。理论课程在教学环节安排方面，通过课程内容链来进行，包括讲授—分析练习—三次阶段性测验（图像识别，比较图，词汇，短文阅读）—自命题论文—期末考试等内容，递进式的课程作业和测验安排对提高学生对于基础知识的熟练掌握能力，以及对设计作品的理解力有很大帮助，为设计初步实践课程打下良好的理论基础。

2. 层级递进的实践教学环节

设计初步（Introduction to Design）实践课程，通过绘图和模型制作来探索建筑与环境的形式与空间，课程内容分为五个模块、十个环节层级递进。

（1）使用1″厚的吹塑板组成两个边长6″的正方体，并按照要求对正方体进行切割和粘接，形成规定要求的小模块。

（2）对小模块进行重组，按要求形成长方体、U型体、T型体、L型体、"回"型体五种体块组件，

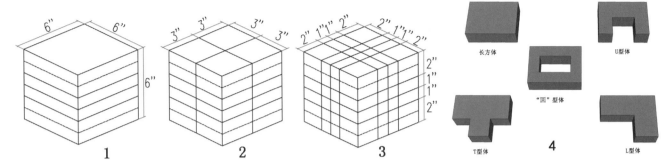

图 1　立方体切割与重组

并保证新的组件数量控制在 13~19 个之间（图 1）。

（3）对新的组件进行组合比较，形成边界为 12″×12″×12″ 的三种空间形式（图 2）。

（4）在半透明硫酸纸上绘制这三种空间体块的 2：1 轴测线框图，并利用彩色铅笔区分各种组件，叠加思考可能形成并修改的新的空间新式。

（5）用白色卡纸将修改好的体块建成 2：1 模型，继续推敲。

（6）制作课程所提供的统一的设计地形。

（7）白色卡纸模型放入地形中，并结合地形重新进行修改设计，并对地形进行环境设计（图 3）。

（8）H 绘制成型的模型的平面图、立面图、剖面图、透视图，整理正式的模型，并汇报讲评。

这个过程由最初的对简单立方体块的理解，到对立方体块的分解、重组，到新的体块空间的构成、推敲，再到通过设计地形的制作对地块环境的理解，建筑与环境在地块中的再推敲，最后将模型精确地、尺度适中地放置在地块中。该课程每个星期三次，每次四学时，持续 10 周，包括老师的精心辅导和学生的反复思考，也包括学生对各个阶段内容的图纸和模型的制作练习。

作为学生接受的第一门专业课，该课程通过连续的教学环节设计，教会学生如何开始思考并逐步完成一个完整的设计，这对于学生设计概念的建立有非常重要的意义。目前我国部分学校环境设计初步教学虽然是一个系列课程，跨越几个学期，从每个课程之间及单个课程教学安排上看，其技能训练项目和美国教学也基本相似，包括识图－绘图－模型制作－图纸表达等环节，但不足的是每个环节都各自独立，没有形成一个连续的、逐步递进的教学模式，这样常常导致学生学习的目的不够明确，达到了训练技能的目的，却没有培养学生良好的设计思维能力，也影响了教学效果。

（三）重尺度的教学方法

设计尺度是环境设计专业教学体系中非常重要的专业基础知识，是高年级设计课程的基础，笔者跟听并调研该课程发现，整个教学过程将学生对设计尺度的理解作为非常重要的内容分解在课程的各个环节中；并且通过强调手工绘图及手工模型的制作，锻炼学生对空间尺度的敏感度。

图 2　三种空间形式绘制样图

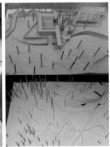

图 3　地形制作与模型推敲

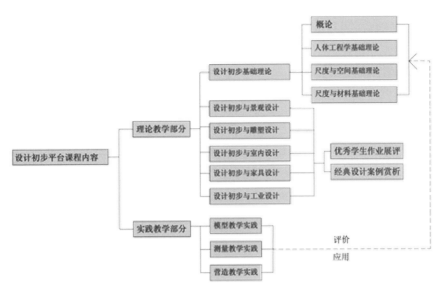

图4 环境设计初步平台课程内容建构

（四）强调优秀研究生和教师的示范作用

俄亥俄州立大学非常重视优秀研究生的榜样作用，聘请优秀研究生担任教学助理，在课程教学过程中，负责演示模范作业和课程答疑。这样可以轻松保证每30个人的班级有一位主讲教师和三位研究生教学助理。这对于缓解我国环境设计课程学生多教师辅导困难的现状显然是非常有效的做法。

三、我国环境设计初步教学新模式

（一）平台式

目前我国大部分高校通识教育平台相对较为完善，但专业基础平台课建设比较薄弱，导致优质教学资源未能充分共享，专业交流明显不足。 环境设计初步课程作为艺术设计类专业基础课，具有学科边界模糊、内容综合性强、涉及面广等特点，涉及专业多，覆盖范围广，适宜作为艺术设计类专业公共平台课程进行建设。环境设计初步平台课程内容建构如图4。

（二）尺度模块式

尺度不同于尺寸，尺寸有精确的数值，是指物体的绝对大小，而尺度则强调的是人对事物的感受。环境设计初步课程中设计尺度教学，旨在在设计入门阶段，让学生系统地建立起设计尺度的概念，以期在以后的设计中能够系统地分析影响尺度感受的视觉因素、环境因素、美学因素、功能因素等方面，进行从宏观到微观的尺度设计，创造人性化的尺度环境，建议教学内容安排基于宏观——中观——微观尺度递进层级（表1）。

设计尺度递进层级教学   表1

阶段	环节	主题	目的	教学要点
宏观尺度	环节一	城市景观体验	感知城市的景观与景观中的城市	课堂讲授，实地调研
	环节二	乡村地域环境体验	感知人造环境与自然环境的结合	课堂讲授，实地调研
中观尺度	环节三	城市广场案例分析	感知中尺度景观设计的影响因素	实地调研，案例讲评
	环节四	城市公园案例分析		实地调研，案例讲评
微观尺度	环节五	建筑内环境感知	感知声、光、热等室内环境的影响因素	实地测量与测绘
	环节五	院落环境感知	感知微观尺度环境设计的概念	模型制作

开放选题的教学模式意味着教学内容、教学形式的开放和考核方式的开放。教学内容的开放体现在教师将教学内容接轨当前热点话题，并不断更新，如当代城市社会的变化、健康城市建设、城市文化保育、城市雨洪处理、城市低收入人群生活环境等。教学任务的开放体现在学生可以根据自己的兴趣，选取课程任务，并鼓励学生自拟任务。开放的考核评价体系体现在把学生的设计思考过程、创新思维能力等纳入考核范围[4]。教学方式的开放体现在教师在教学中采用探索式、启发式案例式、协作式、发现式[5]等情景教学方法，并灵活利用网络教学平台的优势，提高学生自主学习能力。

（基金项目：西安建筑科技大学教学改革项目，项目编号：JG021439；西安建筑科技大学设计初步课程建设项目）

注释：

[1] 主讲教师 Aimée Moore，课程网站 http://facweb.arch.ohio-state.edu/amoore/200/index.htm.

[2] 江韶华．高校艺术设计专业工作室制教学模式初探 [J]．包装世界，2011，04：76-77.

[3] 孙名符，焦彩珍．简论教学过程中的客体抽象与反身抽象 [J]．陕西师范大学学报（哲学社会科学版），2012，03：167-170.

[4] 张树永，吴臻，胡金焱，陈炎．创建"三制四性七化"模式 培养拔尖创新人才 [J]．中国高等教育，2013，22：37-39.

[5] 郝文武．知识教学促进能力发展的复杂关系和有效教学方式 [J]．陕西师范大学学报（哲学社会科学版），2014，03：157-165.

[6] 蔡志刚．环境艺术设计教学探索与改革研究 [J]．美术教育研究，2014，07：128-129.

作者：王琼，西安建筑科技大学艺术学院讲师，在读博士；于东飞，西安建筑科技大学 艺术学院副教授；张蔚萍，西安建筑科技大学 艺术学院副教授

2016《中国建筑教育》·"清润奖"大学生论文竞赛

获奖名单

颁奖典礼于 2016 年 10 月 30 日在合肥工业大学举行

编者按：在全国高等学校建筑学专业指导委员会的指导与支持下，由编辑部、专指委、中国建筑工业出版社、北京清润国际建筑设计研究有限公司共同主办的《中国建筑教育》"清润奖"大学生论文竞赛，已连续举办了三届，2016 年的联合承办单位为东南大学建筑学院。

大学生论文竞赛辐射所有在校大学生，涵盖三大学科及各个专业，目的是促进全国各建筑院系的思想交流，提高各阶段在校学生的学术研究水平和论文写作能力，激发学生的学习热情和竞争意识，鼓励优秀的、有学术研究能力的建筑后备人才的培养。通过两年竞赛的举办，我们认为基本达到了这一预定初衷，取得了较好的成效。

竞赛由东南大学组织出题，出题工作组共提出 5 个竞赛题目，各位评委最终选定"历史作为一种设计资源"作为今年的竞赛题目（出题人：韩冬青）。本次论文竞赛获得各院校学生的积极响应。到 9 月 12 日截稿时间，我们共收到稿件 256 篇（其中本科组 107 篇，硕博组 149 篇），涵盖中国内陆 71 所院校的稿件，以及来自中国台湾地区学生的多篇投稿。

论文竞赛的评选遵循公平、公开和公正的原则，设评审委员会。竞赛评审通过初审、复审、终审、奖励四个阶段进行。今年的评委由老八校的院长以及主办单位的相关负责人等 13 位专家承担。初审由《中国建筑教育》编辑部进行资格审查；复审和终审主要通过网上评审与线下评审结合进行。全过程为匿名审稿。

2016 年 10 月 29 日，"2016《中国建筑教育》'清润奖'大学生论文竞赛"在全国高等学校建筑学专业院长系主任大会上，完成了颁奖仪式。颁奖仪式由建筑学专业"专指委"主任王建国院士主持，期刊年鉴中心主任李东为该论文竞赛做活动点评，我社总编辑咸大庆、副总编辑王莉慧、社长助理高延伟、期刊社科中心主任李东，以及"专指委"主任王建国，北京清润国际建筑设计研究有限公司总经理马树新，同济大学建筑与城市规划学院副院长李翔宁，天津大学建筑学院副院长孔宇航、吉林建筑大学副校长张成龙，大连理工大学建筑与艺术学院院长范悦，合肥工业大学建筑与艺术学院院长李早和学院领导，分别为获奖学生颁奖。

2016 年，论文竞赛本科组和硕博组各评选出一等奖 1 名、二等奖 3 名、三等奖 5 名，以及优秀奖若干名（本科组 15 名，硕博组 16 名），共 51 篇论文获得表彰。其中，本科组一等奖由合肥工业大学张琳惠同学斩获，硕博组一等奖由天津大学陈心怡同学斩获。这些论文涉及 29 所院校，共 63 名学生获得奖励。获奖证书由学生所在院校老师上台代表获奖学生领奖。奖金发放工作将于近日由《中国建筑教育》编辑部协同北京清润国际建筑设计研究有限公司执行。同时在参赛院校中评选出组织奖 3 名，获奖院校分别为：昆明理工大学建筑与城市规划学院；西安建筑科技大学建筑学院；东北大学江河建筑学院。

本册分别选登硕博组、本科组一等奖论文与大家分享，指导老师及竞赛评审委员，同时邀请了获奖论文的作者分别对获奖论文进行点评或心得回顾，以飨读者。

前两届竞赛的获奖论文及点评图书——《建筑的历史语境与绿色未来》，已于 2016 年 10 月份由中国建筑工业出版社出版。其中邀请了各论文的指导老师就文章成文及写作、调研过程，乃至优缺点进行了综述，具有很大的启发意义；同时收录了获奖学生的写作心得。尤其值得称道的是，本书还邀请了论文竞赛评委以及特邀专家评委，对绝大多数论文进行了较为客观的点评。这一部分的评语，因为脱开了学生及其指导老师共同的写作思考场域，评价视界因而也更为宽泛和多元，更加中肯，"针砭"的力度也更大。有针对写作方法的，有针对材料的分辨与选取的，有针对调研方式的……评委们没有因为所评的是获奖论文就一味褒扬，而是基于提升的目的进行点评，以启发思考，让后学在此基础上领悟提升论文写作的方法与技巧。从这个层面讲，本书不仅仅是一本获奖学生论文汇编，更是一本关于如何提升论文写作水平的具体而实用的写作指导。该获奖论文点评图书计划每两年一辑出版，此为第一辑。希望这样一份扎实的耕耘成果，可以让每一位读者和参赛作者都能从中获益，进而对提升学生的研究方法和论文写作有所裨益！

建筑学专业"专指委"主任王建国院士主持论文竞赛颁奖仪式

汇报与颁奖场合：2016 全国高等学校建筑学学科专业指导委员会六届四次会议、2016 建筑教育国际学术研讨会暨全国高等学校建筑学专业院长系主任大会

硕博组获奖名单

获奖情况	论文题目	学生姓名	所在院校	指导老师
一等奖	界面、序列平面组织与类"结构"立体组合——闽南传统民居空间转译方法解析	陈心怡	天津大学建筑学院	孔宇航、辛善超
二等奖	武汉汉润里公共卫浴空间设计使用后评价研究	杜娅薇	武汉大学城市设计学院	童乔慧
二等奖	"弱继承"，一种对历史场所系统式的回应——以龚滩古镇为例	夏明明	清华大学建筑学院	张利
二等奖	近代建筑机制红砖尺寸的解读与转译	张书铭	哈尔滨工业大学建筑学院	刘大平
三等奖	"历史"—"原型"—"分形"—"当代"——基于复杂性科学背景下的建筑生成策略研究	傅世超	昆明理工大学建筑与城市规划学院	王冬
三等奖	在历史之内获得历史之外的创生——意大利建筑师卡洛·斯卡帕的建筑与怀旧类型学	潘玥	同济大学建筑与城市规划学院	常青
三等奖	历史街区传统风貌的知识发现与生成设计——以宜兴市丁蜀镇古南街历史文化街区为例	王笑	东南大学建筑学院	唐芃、石邢
三等奖	浅论中国古典园林空间的现象透明性	王艺彭	山东大学土建与水利学院	傅志前
三等奖	从童山濯濯到山明水秀——武汉大学早期校园景观的形成和特点研究	唐莉	武汉大学城市设计学院	童乔慧
优秀奖	大屋顶变形中的历史意识与设计探索——从象征到表现	徐文力	同济大学建筑与城市规划学院	王骏阳
优秀奖	毕达哥拉斯的遗产：勒·柯布西耶建筑中的数比关系溯源	周元	山东建筑大学建筑城规学院	仝晖、赵斌
优秀奖	奥古斯特·佩雷的先锋性	董晓	同济大学建筑与城市规划学院	王方戟、卢永毅
优秀奖	晚清江南私家园林景观立体化现象及其设计手法因应——以扬州个园为例	刘芮	南京大学建筑与城市规划学院	鲁安东
优秀奖	建筑设计中的历史思考	王国远	同济大学建筑与城市规划学院	陈镌
优秀奖	基于旧工业建筑改造的立筒仓保护与再利用策略研究	王旭彤	东北大学江河建筑学院	刘抚英、顾威
优秀奖	来自民间的智慧——黔东南侗寨木构民居的乡土营建技艺解析	谢斯斯、詹林鑫	西安建筑科技大学建筑学院	穆钧、黄梅
优秀奖	"形势"下的"形式"——基于语用学角度下的武汉大学老斋舍研究	周瑛	武汉大学城市设计学院	童乔慧
优秀奖	对北京历史街区居民户外聚集的空间句法分析	刘星	北京交通大学建筑与艺术学院	盛强
优秀奖	基于山水"观法"的古典园林空间流线调研分析	刘怡宁	东南大学建筑学院	唐芃
优秀奖	从巴别塔到空中步道——螺旋路径的当代进化与类型学研究	张翔	哈尔滨工业大学建筑学院	展长虹
优秀奖	关系的可视化——SANAA作品"透明性"的另一种定义	王汉	中央美术学院建筑学院	傅祎
优秀奖	历史与时代精神造就新传统——希格弗莱德·吉迪恩关于空间观念的转变与现代建筑的形成过程的理论	陆严冰	中央美术学院建筑学院	张宝玮、王受之
优秀奖	基于叙事空间分析的沈阳旧城更新应对	张伟伟	东北大学江河建筑学院	顾威
优秀奖	晋西传统民居院落形成的地形因素初探——以孝义贾家庄村、碛口西湾村、李家山村和碛口古镇为例	杨丹	苏州大学金螳螂建筑学院	余亮
优秀奖	中国传统藏书楼及园林的范式演变研究——从"娜嬛福地"到"天一阁"	周功钊	中国美术学院建筑艺术学院	王澍
优秀奖	传统建筑致凉模式及其在现代营建中的应用	周伊利	同济大学建筑与城市规划学院	宋德萱

我社总编辑咸大庆、合肥工业大学建筑与城市规划学院院长李早分别为本科组、硕博组一等奖颁奖

我社副总编辑王莉慧、天津大学建筑学院副院长孔宇航、吉林建筑大学副校长张成龙分别为本科组、硕博组二等奖颁奖

我社社长助理高延伟、"清润国际"总经理马树新、同济大学建筑与城市规划学院副院长李翔宁分别为本科组、硕博组三等奖颁奖

我社期刊年鉴中心主任李东、大连理工大学建筑与艺术学院院长范悦分别为3名组织奖院校颁奖

前两届获奖论文点评图书
——《建筑的历史语境与绿色未来》

本科组获奖名单

获奖情况	论文题目	学生姓名	所在院校	指导老师
一等奖	"虽千变与万化，委一顺以贯之"——拓扑变形作为历史原型创造性转化的一种方法	张琳惠	合肥工业大学建筑与艺术学院	曹海婴
二等奖	提取历史要素　延续传统特色	杨博文	北京工业大学建筑与城市规划学院	孙颖
二等奖	基于"过程性图解"的传统建筑设计策略研究——以岳麓书院为例	聂克谋、孙宇珊	湖南大学建筑学院	柳肃、欧阳虹彬
二等奖	古河浩汗，今街熙攘——《清明上河图》城市意象的网络图景分析	赵楠楠	华南理工大学建筑学院	赵渺希、刘铮
三等奖	花楼街铜货匠人的叙事空间——传统工匠生活作为一种设计资源	张晗	武汉大学城市设计学院	杨丽
三等奖	"观想"——由传统中国画引申的建筑写意之法	王舒媛	合肥工业大学建筑与艺术学院	曹海婴
三等奖	艺未央·村落捡遗——基于传统村寨更新的艺术主题聚落设计研究	韦拉	西安建筑科技大学建筑学院	李涛、李立敏
三等奖	历史作为一种设计资源——从隆昌寺看空间围合与洞口	曹焱、陈妍霓	南京大学建筑与城市规划学院	刘妍
三等奖	记忆的签到——基于新浪微博签到数据的城隍庙历史街区集体记忆空间研究	田壮、董文晴	合肥工业大学建筑与艺术学院	顾大治
优秀奖	历史模型指导下的城市低收入人群增量住宅更新设计研究	徐健、沈琦	山东建筑大学建筑城规学院	王江
优秀奖	"明日的庙宇"——蔚县古建筑测绘设计教学活动探讨	杨慧、葛康宁	天津大学建筑学院	丁垚
优秀奖	寺与城的共融：广州光孝寺—六榕寺历史地段城市设计探索	王梦斐	华南理工大学建筑学院	冯江
优秀奖	传统公共生活的延续与创生——城市性格转变背景下苏州古城传统公共空间研究	吴亦语、沈嘉禾	苏州科技大学建筑与城市规划学院	张芳
优秀奖	中国当代建筑设计中园林式意趣空间的营造——以苏州博物馆为例	林必成	安徽工程大学建筑工程学院	俞梦璇、席俊洁
优秀奖	文化激活——诏安旧城区文化生活的创新肌理织补研究	胡钦峰	福建工程学院建筑与城乡规划学院	邱婉婷、叶青
优秀奖	历史与当下的并置——由本雅明的星丛理论探索历史资源在建筑设计中的转化策略	温而厉	合肥工业大学建筑与艺术学院	宣晓东
优秀奖	基于历史引导下生土建筑的演变和当代生土民居现状及其未来生态发展浅析	范鹭、贺长青	大连大学建筑工程学院	姜立婷、赵剑峰
优秀奖	在小城镇历史文化的现象学研究中探究小城镇的未来	钟宽	湖南科技大学建筑与艺术设计学院	王桂芹、杨健
优秀奖	浅析传统建筑空间意境表现及传承延续	朱彬斌	浙江农林大学风景园林与建筑学院	王雪如、何礼平
优秀奖	土楼基因——基于乡村复兴的"到凤楼"改造及再生设计研究	朱颖文、吴天棋	厦门大学建筑与土木工程学院	陈薇（东南大学）、王绍森（厦门大学）
优秀奖	记忆的风景——深圳二线关的日常性纪念	葛康宁、吕立丰	天津大学建筑学院	张昕楠、孔宇航
优秀奖	苏州网师园中的廊空间营造	马佳志	沈阳建筑大学建筑与规划学院	王飒
优秀奖	新农村背景下闽西传统乡村民居改造策略研究——以长汀"丁屋岭书院"竞赛方案为例	王长庆、邢垚	厦门大学建筑与土木工程学院	李芝也
优秀奖	从中国传统建筑文化中的逻辑空间看建筑的信息化	陈向韶、张云琨	大连大学建筑工程学院	赵剑峰
优秀奖	天津原日租界产权地块形态研究	徐慧宇	天津大学建筑学院	郑颖

陈心怡
（天津大学建筑学院 硕士三年级）

界面、序列平面组织与类"结构"立体组合

——闽南传统民居空间转译方法解析

The Organization of Interface, Sequence &
The Stereoscopic Combination of "Structure":
The Analytic Method for Spatial Transform of
The Traditional Dwellings in Minnan Area

■摘要：本文提取闽南传统民居中具有调节建筑气候功能的空间，并从历史发展中得到三个典型的类型空间，闽南官式大厝的"院落—街巷"空间、手巾寮的"天井—通廊"空间、局部楼化或洋化古厝的"外廊—通廊"空间。以三种类型空间为基础，探讨平面与立体中的空间转译方法：传统民居空间的界面、序列控制平面空间布局，以及三种类型空间以类二维画面中的平面"结构"形式，在建筑内部空间中进行立体化组合。

■关键词：闽南传统民居 类型空间 空间转译 设计方法

Abstract：Extract the adjusting climate model from Minnan traditional dwellings, and sum up three typical space：the "courtyard— street" space in "Palace—style" Dwelling, the "Atrium— Passageway" space in Shou—jin—liao (Zonary Bungalow), the "Veranda— Passageway" space in partial westernized Dwelling. Based on these typical spaces probing into two feasible methods of spatial transform：the two—dimensional plane formed by the interface and sequence of traditional dwelling controlling, and three typical spaces assembled like structure of cubism in the interior construction spacing.

Key words：Minnan Traditional Dwellings；Typical Space；Spatial Transform；Design Method

一、引言

　　闽南地区位于我国福建沿海，东临台湾海峡，其余三面被闽中山脉包围，仅西面部分与广东省接壤，整个区域山地多、平原少、土地贫瘠，在交通条件落后的情况下形成一种陆地封闭、以海为生的地域特色（图1）。其气候特征为"高温、高湿、多雨、多阳"的亚热带海洋性气候，同时是台风灾害频发区，这些因素使闽南传统民居从官式大厝到手巾寮，再到近代局部楼化或洋化的古厝，都呈现"降温、除湿、防风、遮阳"的空间特点。

图1 闽南港口（从上到下，从左到右分别为：漳州平原，明清漳州港，泉州崇武古城，泉州港洛阳桥）

阿尔多·罗西认为，"建筑的外部形式和生活都是可变的，但生活赖于发生的形式类型是自古不变并存有基本的架构"。因此，根据历史发展，对闽南传统民居的中具有共性的空间类型进行归类。根据空间规律特征，将闽南传统民居空间分为"院落—街巷""天井—通廊"及"外廊—通廊"三种类型空间，并结合类似湿热气候的国家、地区地域建筑案例进行可行性论证，解析以界面、序列引导平面的空间布局及三种类型空间的类"结构"[1]组合构成建筑层次这两种转译方法。

二、三种传统居住空间类型

建筑往往是由多个子空间集合而成的空间系统，闽南传统民居空间序列很大程度是建立在促进自然通风的基础上，通过虚实体块穿插引导风穿行与停留。根据热环境温度测量数据及风量计算数据结果（图2~图4）及12个闽南传统建筑走访中对其空间状态进行深浅描绘（图5），其温度变化范围波动较大多数集中于虚体空间中，并且官式大厝，手巾寮以及近代局部楼化或"洋化"的古厝呈现三种不同的深浅空间状态——由均匀向四周规律排列到线性排列，最后发展为"匸"型立体向排列（图6）。

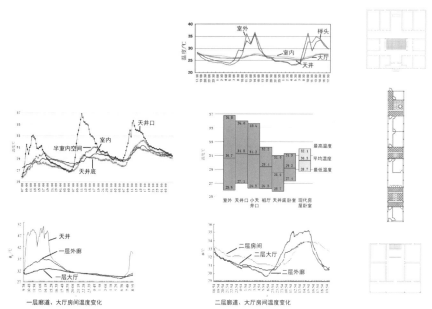

图2 官式大厝、手巾寮、洋楼化古厝三种类型的热压通风测量数据资料

指导老师点评

作为指导老师，首先祝贺弟子陈心怡获此荣誉，学生能在毕业论文完成后的时间重新整理、凝练硕士论文，注重学术研究，甚慰。

从1990年代中期起，我一直对国内建筑学硕士研究生的论文成果持有某种怀疑态度，认为论文写作应以设计研究为主，即注重设计能力的提升与培养，希望学生关注其设计作品背后的理论与方法体系，培养学生独立设计与研究并重的能力。我们工作室近几年来以空间操作、形式生成、场所建构与建造逻辑为关键词引导学生进行论文写作，希望学生结合当代建筑思潮，根据自己的兴趣点拟定论文主题与大纲。陈心怡同学首先选择了"设计研究"作为其硕士论文研究目标，以其家乡泉州作为设计研究背景，并展开了为期半年的研究型设计。这位本科毕业于厦门大学的学生，在天津大学充分展现了其优秀的设计与表现能力，其成果亦达到了研究生毕业标准。在过程中，美中不足的是其地域性内涵表达尚不够成熟，文字表达与理论深度有待进一步提高。在后续的半年时间内，作者经过大量的案例研究、图解分析、实地考察与阅读思辨，使其设计研究论文水平呈现质的跃迁，成为近几年我们工作室优秀论文之一。

很多事情，当你刻意为之反而收获甚微，我们工作室并未有组织地让学生参加"清润奖"论文竞赛投稿，而是让学生自主选择。当获知学生获奖时我非常高兴，便解析了一下论文获奖原因，认为以下两点尤为关键。首先，论文扣题：尽管作者以空间操作作为研究线索，然而关于特殊气候条件下闽南传统民居空间分析具有其独特的视角，而将传统空间布局作为设计资源进行转译，对当下中国建筑界亦具有重要的意义。其次，作者运用大量清晰的自绘图解去阐释空间构成，图与文彼此关联，相互对应，易于引起评委们

（转89页右栏）

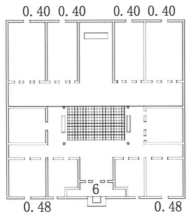

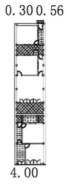

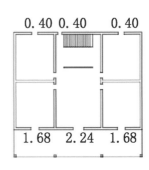

图3 多开口组合的 αA 数值计算法及开口处的风量系数

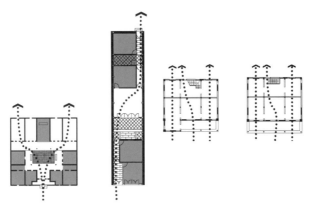

图4 官式大厝、手巾寮、洋楼化古厝三种类型的风压通风主线

图5 走访过的 12 所民居的空间状态

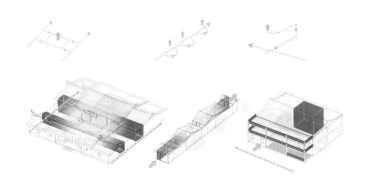

的共鸣。设计研究将是建筑界永恒的主题，纯文字型的思辨与论述诚然是一种方式，然而未来建筑师的培养应该以线条与空间模型去构建新的建筑范式。建筑设计及其理论方向的硕士研究生的培养，应以升华设计能力与提高建筑修养为培养目标。

孔宇航

（天津大学建筑学院，博导，教授）

图6 官式大厝、手巾寮、洋楼化古厝三种类型的通风模式

（一）"院落—街巷"空间类型

将官式大厝具有气候调节功能空间提炼为"院落—街巷"空间——由天井、廊道以及宅第间巷道等虚体空间构成。以官桥镇的蔡氏古民居为代表对官式大厝空间构成进行分析，三个虚体空间在总图中形成具有4∶3比例向心分形关系——巷道空间形成方形体块围合，水平四等分后得到埕空间[2]，垂直六等分确定内部天井纵向位置，继续水平、垂直二等分确定内部天井位置，最后构成一个向下偏心围合空间（图7）。

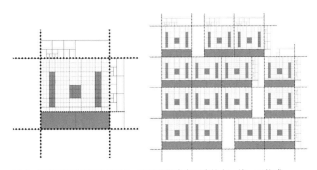

图7 蔡氏民居空间图解分析，在群体构成中形成的点、线、面构成

此外，"院落—街巷"中的天井空间与岭南、江南一带南方天井构成具有差异性，后者天井中每个构件能够围合成较为完整的立体向面域，而前者是不同构件在错位互补中"片段式"地围合空间（图8）——中部凹陷与挑檐形成第一层局部围合，四面柱子不规则排布形成第二层局部围合，片墙与柱子平行错位形成第三层局部围合（图9）。在整个空间体系中，墙体依旧是限定主导，柱子没有从墙体承重体系中脱离出来，建筑与街巷交接边界为封闭的石墙，四面呈现同种状态，在内部形成一种环状均质状态。

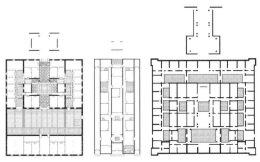 

图8 蔡氏民居、关西大屋、潮汕某宅天井空间构成关系比较

图9 由中部凹陷、片墙、柱子、屋檐各种构件错位构成的天井空间——形成从开敞到逐步封闭的向心空间

（二）"天井—通廊"空间类型

"天井—通廊"空间由手巾寮中的气候适应性空间构成，其呈线状虚实序列及逐步脱离环状均质状态。其空间体系建立在两片墙体所限定的线性空间中，以一系列通廊、天井交替形成连续的线性虚实空间，由于狭长，柱子基本隐于墙体中，空间中柱廊空间被弱化，伴随天井空间与通廊空间并置形成平面空间上的偏移，形成一种逐渐从均质空间[3]分离的状态。从整个空间的序列关系看，"天井—通廊"空间由一个整体性均质空间通过"减法"，间断减去实体，形成单元组合趋势，逐步分离均质空间；在实体部分继续进行"减法"并转移，把二次减去的实体转移到已减去的虚体中，最后在两侧片墙的限定下形成连续性空间（图10）。

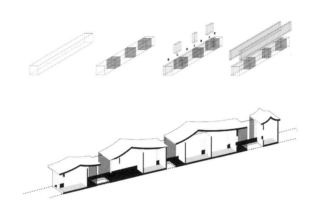

图10　手巾寮空间"减法"与天井空间的檐廊与墙体的限定关系

（三）"外廊—通廊"空间类型

近代局部"楼化"或洋化古厝气候调节主要集中于"外廊—通廊"空间，大量活动空间向外廊转移，在用地局促无法提供足够天井与埕空间的情况下，弱化天井作用，结合当地人迁徙型生活[4]的习惯，创造最经济通风模式（图11）。其空间柱子脱离了墙体束缚，形成独立承重体系，限定建筑轮廓，空间的立体向"匚"状发展，形成前后两种不同"开敞—封闭"状态的偏心（图12）。

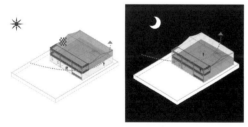 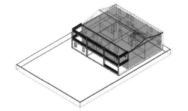 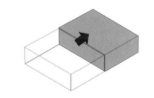

图11　迁徙型生活方式的最经济通风模式　　　　图12　"外廊—通廊"空间在场地中的偏向性

"外廊—通廊"空间与"院落—街巷"空间相比，平面在三个开间的基础上，封闭性递增且由环状转变为线状（图13）。这种线状封闭性特征与"天井—通廊"空间有所区别，后者是"通廊""天井"在封闭空间中呈水平交替排布，前者则以"通廊""天井"交替并向竖向叠加，并随着叠加天井空间消失，"通廊"部分转变为"外廊"，呈纵向发展状（图14）。

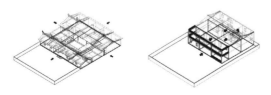 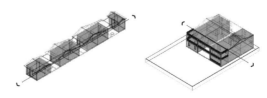

图13　"院落—街巷"空间与"外廊—通廊"空间比较　　　　图14　"天井—通廊"空间与"外廊—通廊"空间比较

三、界面界定与空间序列转译方法

（一）界面界定

路易斯康认为"一幢建筑必始于不可度量的预感，经过可度量的阶段才能完成，这可能是建造房屋的唯一方式"[5]，"不可度量的预感"可理解为一种空间抽象化过程，而"可度量"则为重组过程。在此基础上，建筑空间转译可通过界面、序列对空间进行抽象处理，这种方式可为空间构成元素替换、结构系统及材料拼贴改变等。

界面（Interface）是空间的限定因素[6]，文中对空间界面研究是指三种类型空间中如"院落—街巷"中的埕、天井、通廊、街巷空间，"天井—通廊"中的天井、通廊空间，"外廊—通廊"中的外廊、通廊、楼井空间等（图15）。不同空间围合程度、构成元素、方式都各具差异。其中，构成方式是前两者相近情况下区别空间界面的重要因素，如"院落—街巷"中"天井空间"在构成元素、围合程度相近的情况下，构成方式呈现"片段化"明显区别于岭南、江南、闽北等地天井空间，因此，可维持这种"片段化"构成方式对当中构成元素进行替换，形成新的空间状态（图16）。

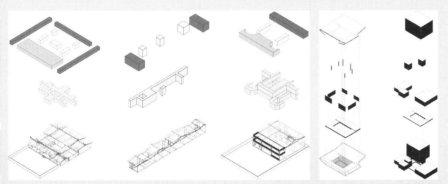

图15 闽南传统建筑空间原型中不同的空间界面　　　　图16 "天井"界面提取，构件替换

Luis Barragan 的地域建筑设计实践暗示了这种界面转译方法的可行性——运用现代主义的抽象写实提炼历史空间，赋予几何精神意义，以此体现墨西哥式地域风格[7]。在巴拉干自宅中，可发现其对墨西哥传统"天井空间"的界面抽象运用（图17）。首先，整个平面保持传统对外的封闭性，工作室与宅第主要围绕两个"天井"布局。工作室处"天井"在传统的天井界面基础上进行墙柱构件位置替换，二层"L"型平台制造天井空间的斜向错位，替换廊道空间，丰富内部空间变化（图18，图19）；而在宅第中"天井"构件在围合程度、构成方式不变的情况下，廊道、柱子构件替换为台阶、片墙构件，台阶打破传统天井的层次性，形成空间螺旋上升，将原有仅向上敞开的空间分解到四个立面中，由于片墙元素的保留，"天井"依旧具有很强的内向型（图20）。这种界面转译方法一方面保持原有的封闭性与向心性，另一方面以新的空间形式诠释传统构成关系。

Hotel Rincón de Josefa　　Callejones de Janitzio　　Callejón del Romance, Morelia,
in Pátzcuaro　　　　　　　　　　　　　　　　　　　　　　Michoacán. México.

图17 墨西哥米却肯州 Michoacán 民宿内部及 Janitzio 和 Romance 小巷

竞赛评委点评（以姓氏笔画为序）

作者以阿尔多·罗西的"建筑类型学"为理论支点，通过调研分析，将闽南传统民居空间分为"院落—街巷""天井—通廊"及"外廊—通廊"三种类型空间，并结合类似湿热气候的国家、地区地域建筑案例进行论证，解析以界面、序列引导平面的空间布局及三种类型空间的组合构成，进而尝试揭示闽南传统民居建筑空间层次的转译方法，并在此基础上探讨在建筑内部空间中进行立体化组合的方法。论文调研细致，类型学的分析解构与图文表达清晰明了，论述有逻辑性，论点明确，具有一定的启发性。

传统建筑的设计是一项复杂而丰富的思维及建构活动，它因历史、文脉和技术的状态而呈现出纷繁的姿态，与"解构"分析相比，作者对"转译"的论述显得有些单薄，如果在今后的研究能更加着重"转译"的研究与论述，则成果将更具有理论和现实意义。

庄惟敏

（清华大学建筑学院，院长，
博导，教授）

图18　将自宅平面的居住与工作室空间作为两个单元分析，可以发现其有各自"天井"，并围绕"天井"进行虚实空间分隔。"天井"有一系列小门厅和台阶围绕，形成一个向心空间

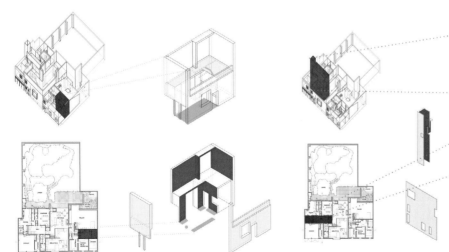

图19　自宅中工作室"天井"界面打破传统柱子与墙体对称性，通过片墙、短柱错位形成灵活空间，二层平台将天井空间向右偏心

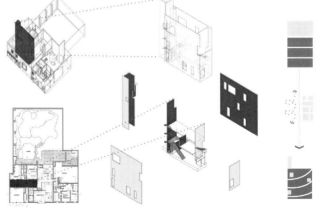

图20　自宅宅第"天井"界面中，台阶和片墙替换传统建筑天井中廊道及柱子，形成螺旋向上空间，同时瓦解天井口，随螺旋线转移到四面，而片墙的保留保持其围合感

闽南地区的老城区通常较为拥挤杂乱，一方面受地形限制，另一方面重商轻农的思想也使城市肌理沿商业走向发展。以泉州市惠安县崇武古城为例，其城中有块地原是明清军事指挥处的遗迹，今为古城活动聚集地——一个临时搭建的农贸市场，坐落在古城五条主要街道的交会点，四周是低矮无序的自建房，零星散布着几座古厝、庙宇，缺乏视线、方位上的联系。而农贸市场左右两侧各有0.9m、1.2m高差，同时被围墙分割着，使得场地更为破碎，交通更为紧张，大部分空间得不到合理利用。笔者旨在通过传统空间界面转译，拆除原有临时搭建农贸市场和围墙，用新建筑（渔民会馆）去改善整个老城区核心空间，增加基地与周边社区的互动性，促进该区域人行为活动（图21，图22）。渔民会馆方案一中整个建筑按照"院落—街巷"空间中的"天井空间"和"天井—通廊"空间中的"通廊空间"进行界面转译，将柱子、檐口替换成方盒子，延续片段化组合方式进行空间转译：在场地两侧高差处用两条细长的廊道作为限定，取代原有的围墙，其中廊道抽取"通廊空间"界面（图23），形成具有半围合性的场所，增加可进入性；总图中两个中部大体块分别以周边古厝与庙宇肌理为基础，共同组成多重围合关系，实质上是对"天井空间"屋檐构件的置换；此外，部分原本是柱子的空间也替换为体块，形成体块与片墙之间的片段拼贴，共同围合"天井"界面（图24）。

建筑的形式问题是建筑学的基本问题：一方面，建筑的功能要通过其"形式"来实现；另一方面，建筑所承载的思想、观念、意义也要透过"形式"来加以表达。然而，形式并不仅仅是一个艺术问题，因而形式问题也成为建筑学术研究的核心问题之一。现代建筑的发展日益体现了科学技术的影响，建筑形式的表达在当代科技的支持下有了更多的可能。与此同时，现代建筑更为关注从传统建筑形式中汲取营养，吸收传统建筑所蕴含的应对智慧，人们通过对传统形式的吸收、辨析和转化，力图使传统建筑与现代生活相和谐。本文作者通过对福建传统民居的解析，结合现代建筑设计案例，较好地回应了竞赛主题"历史作为设计资源"。本文结构完整，案例恰当，符合学术规范，有一定的参考价值，是一篇优秀的学术论文。

刘克成

（西安建筑科技大学建筑学院，
博导，教授）

图21　方案一　渔民会馆总平面图

图22　方案一　"天井空间"界面转译对场地进行片段化围合

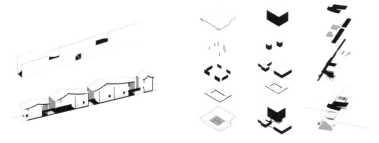

图23　方案一　廊道通过构件替换来转译　图24　方案一　"天井"界面的构件替换图解
"通廊"界面

（二）序列组织

空间序列引导着空间的虚实、格局变化与转折起承，这种变化规律某种程度上也暗含着一种地域性特征。如伊斯兰清真寺通常以正方形为中心，以四个对角方向为中心进行几何衍生，并保持极强的向心性（图25）。在 Schmidt Hammer Lassen 设计的沙特利雅得外交部大楼，其布局遵循传统伊斯兰建筑的几何空间序列（图26）；在平面中，首先将正方形对角线分割，隐去一侧三角形空间；后以三角形三个顶点为中心进行对角线衍生，形成三个小正方形，同时对三个小正方形按照三角形的三条边进行减法操作；再以小正方形的对角线继续衍生，发展为正方形空间；最后将步骤二中小正方形减去的体块拼成矩形作为入口。由于矩形与小正方形存在空间上的锐角冲突，所以进行部分曲线化，同时以局部几何变化强调入口（图27）。在空间序列的控制下，延续伊斯兰传统建筑几何衍生规律对布局的影响，实现空间上的转译。

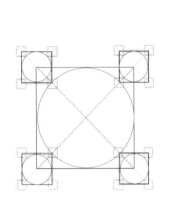
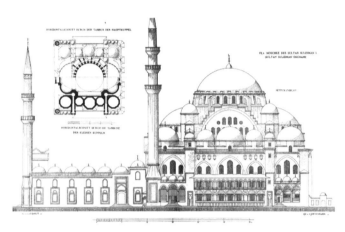

图25　伊斯兰清真寺几何空间序列提取，右图为苏莱曼尼耶清真寺

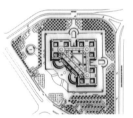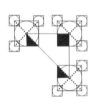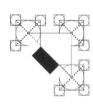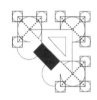

图26　以几何对角衍生的空间序列形成的沙特利雅得外交部大楼

图27　厚重的墙体、狭小的开窗以及中庭水景及入口处圆弧柔化界面

闽南传统民居空间序列与其空间类型紧密联系，空间序列虚实关系分别延续空间上呈面状、线状及"匚"状分布（表1）。因此，方案一空间设计中将面状、线状两种序列关系，与周边建筑肌理相结合，形成两种关系的叠加，建立整个基地秩序。整个建筑遵循从外部到内部墙体限定为实，高差限定的空间为虚；右侧"廊道"为"实"，满足室内活动；左侧"廊道"则为"虚"，当步入较高一侧可达社区中庙宇前空地，当走入相对较低区域进入建筑中，形成线状虚—实—虚—实关系（图28）。而与周边庙宇相结合，则呈面状虚—实—虚—实—虚空间序列关系（图29~图31）。序列在空间转译过程中起空间导向作用，暗示空间转折变化，延续闽南传统民居的空间转折变化规律。

闽南传统建筑中三种主要空间的空间序列　　　　　　　表1

空间序列状态	"院落—街巷"空间	"天井—通廊"空间	"外廊—通廊"空间
明、暗	面状：明—暗—明	线状：明—暗—明—暗—明—暗	"凵"状：明—暗—明—暗—明
高、低（有顶部分）	面状：低—高—低	线状：低—高—低—高—低—高	"凵"状：低—高—低
长、短	面状：短—长—短	线状：短—长—短—长—短—长—短—短	"凵"状：短—长—短—长
虚、实	面状：虚—实—虚—实	线状：虚—实—虚—实—虚—实—虚—实	"凵"状：虚—实—实—实—实

图28　方案一　"通廊"虚实序列关系

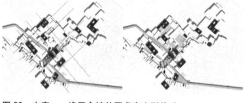

图29　方案一　渔民会馆总图虚实序列关系

图30　方案一　渔民会馆一层平面图　　　　　图31　方案一　渔民会馆二层平面图

四、类"结构"立体组合转译方法

19世纪建筑师森佩尔曾在《受进化论者拉马克和达尔文影响》一书中提出，面对时代的"生活模式"以及为新建筑类型寻求形式的需求……应对古老的形式进行重新组合[8]。"空间组合"在文中是指剥离功能问题的空间在组合中的一般规律，两个或两个以上的空间之间存在某种特定的关系，这种"关系"从形式上可以理解为"结构"，类似二维画面中的平面"结构"形式探讨建筑内部空间组织可采取的策略，即将画面空间分隔成若干个区域，把"院落—街巷""天井—通廊""外廊—通廊"空间放在不同的格子里或相互重叠进行空间组合。

"院落—街巷"空间关系呈面状分布，类似"面"构成；"天井—通廊"类似"线"构成；而"外廊—通廊"空间垂直向上发展，常与楼梯间相结合，可作类似"点"构成。三种类型空间在空间中形成类似"面""线""点"组合（图32）。在这图底关系中，类型空间实质上是虚体空间，"底"才是实体空间，组合过程实质上是一个立方体空间减法过程。厦

论文《界面、序列平面组织与类"结构"立体组合——闽南传统民居空间转译方法解析》以建筑类型学思路为基础，对闽南传统民居进行空间类型解析，并参照世界上若干经典传统空间类型转译案例，用具体的设计实践探讨对闽南传统民居空间类型转译的思路。文章紧扣"历史作为一种设计资源"的竞赛主题，无论对历史对象的分析和思考，还是将之应用于实践的转译探索，都做到了逻辑严谨、条理清晰、解析深入、不发空论，是一篇精彩的建筑学学术论文。作者在论文开始部分，引用阿尔多·罗西的话，强调"生活赖以发生的形式类型"，但后文的分析和转移过程却以形式操作为主，较少提及其与生活形态的关联，是论文的不足之处，有待在后续思考和写作中改进和提高。

李振宇

（同济大学建筑与城市规划学院，

院长，博导，教授）

门嘉庚风格建筑中以建南大礼堂为例，也是一种将传统空间进行类似"面""点"构成——"点"为一层、三层的西洋柱廊空间与楼梯空间；"面"为二、三层与屋顶共同构成的传统大厝格局，空间叠加形成中部上空大礼堂，而三层的柱廊制造进深使屋顶脱离墙体，因此区别于古厝与其他地区的洋楼，形成独立风格（图33）。

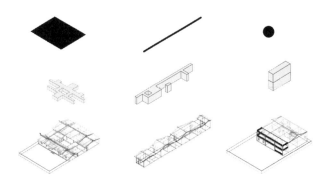

图32　三种闽南传统建筑空间形成的"面""线""点"构成

图33　晋江市全福村番仔楼（左）与厦门大学建南大礼堂（右）

将这种类似"面""线""点"构成控制建筑内部空间层次，带入路易斯·康设计的孟加拉国达卡国民议会厅及勒·柯布西耶设计的艾哈迈达巴德工厂主协会大楼，进行构成逻辑分析，论证此方法的可操作性。

（一）类"面""线"空间构成

孟加拉国建筑风格受伊斯兰及印度莫卧儿时期建筑风格影响。从路易斯·康设计草图可寻其建筑暗含的伊斯兰建筑几何序列，其基于这种序列关系发展为"双重网格"[9]（图34），整个建筑首先用"面"确定正方形网格，平铺中部，后沿对角方向衍生菱形网格，以"线"限定其边界作强调；进一步用"线"的偏向性强调正方形网格系统，同时在十字方向形成独立通风系统；最后用菱形"面"将各自发展的单元空间进行统一。其中，"面"与"面"在中部叠加具有空间透明性——在圆形的议会厅空间能够感受对角线空间，也能感受正方形的十字延伸（图35，图36）。

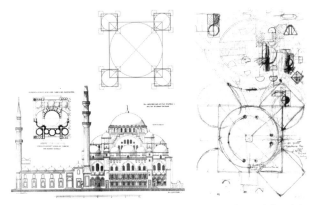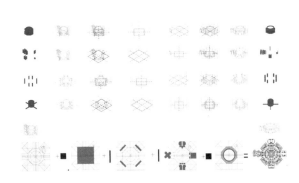

图34　苏莱曼尼耶清真寺的几何构成与孟加拉国达卡国民议会厅设计草图对比　　图35　孟加拉国达卡国民议会厅类"线""面"空间组合分析

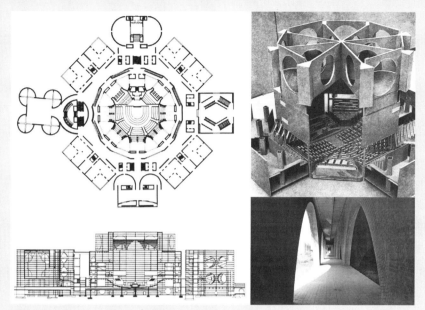

图36 孟加拉国达卡国民议会厅空间透明关系

论文以闽南传统民居空间为研究对象，提取了"院落—街巷""天井—通廊""外廊—通廊"等三种典型空间为原型，从界面界定与空间序列等层面分析了其构成的基本规律，并提出了类"结构"立体组合的空间转译方法。论文作者以现代的研究视角与模式语言，通过大量的图解分析，解读了传统地域建筑空间的构成特质。论文的研究成果对于我国地域建筑的传承与创新提出了有益的思路，同时也为解读复杂性空间的构成机制提供了适宜的方法。

梅洪元

（哈尔滨工业大学建筑学院，院长，
博导，教授）

（二）类"面""点"空间构成

20世纪30年代之后，勒·柯布西耶对于地域风格的建筑元素开始以抽象母体为主，工厂主协会大楼在某种意义上可理解为将印度元素抽象呈几何形体进行的空间构成。工厂主协会大楼所在的艾哈迈达巴德内有较多印度教寺院与陵墓等古迹，如 Jamma Masjid 清真寺石柱廊。工厂主协会大楼中空间大部分以柱子为结构进行组织，整个建筑空间建立在一个3×4的网格体系上，将中部柱子替换为承重片墙及电梯井，强调中心轴线（图37）；接着将以处于第二条轴线的螺旋状卫生间体块作为"点"放置空间中；第二层继续以"点"叠加，在平面中与一层"点"空间形成竖向错位，横向以坡道入口处的通高空间继续强调第二条轴线；而第三层"面"叠加后，在"点"中的坡道入口处发生透明现象，能够同时感受到上下层轴线的错位；最后一层"点"植入后与"面"也产生透明现象，由于"面"中的通高空间与该层"点"中的楼梯空间处于方向相反的两条轴线上，这种错位轴线关系极大地丰富了空间深度（图38）。

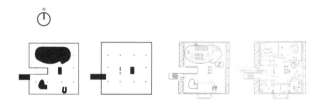

图37 工厂主协会大楼平面构成分析

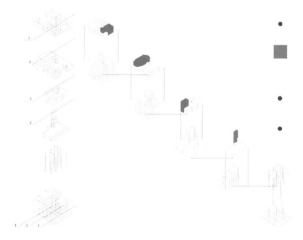

图38 工厂主协会大楼类"点""面"构成分解图示

整个操作过程遵循勒·柯布西耶所提出的"多米诺"体系,"面"作为活跃要素穿插在空间中,模糊空间层级,增强纵向感;"点"作为轴线强调,产生轴线错位影响,如在二层为中间轴线,四层则置于最边处,这种错位关系在与"面"相叠加时产生不同位置的现象透明(图39)。

图39 工厂主协会大楼"点""面"叠加中的透明性空间:二层坡道入口处上下视野,二层到三层、三层到四层空间中的透明现象,能够同时感受三层的空间

(三)类"面""线""点"的空间转译

通过以上案例的论证关于类"面""线""点"空间组合方法的可操作性,在崇武古城渔民会馆方案二中进行该方法的设计实践。方案二设计首先立足于古城的外部景区与古城的大关系,崇武古城外部两侧为带状沙滩的度假村,前面是崇武古城礁石风景区,三面环海具有极佳的风景,但是城内没有任何制高点,感受不到与风景度假区的关系。同时,在走访调研的数据统计中,城内74%为住宅,公共建筑仅为8%,古城内部的公共设施严重匮乏,使得城内人开始迁出古城,移到新城区中居住(图40)。因此将建筑设计为一个八层高楼的城内活动中心,内部功能包括农贸市场、办公空间、图书馆、影院、展厅、茶室。由于其尺度上与周边建筑相差极大,为了减缓空间所带来的压抑感,将其设计为错层的板状建筑,将其中几层的空间释放,用作户外活动场所,保证周边居住区的通风采光(图41)。

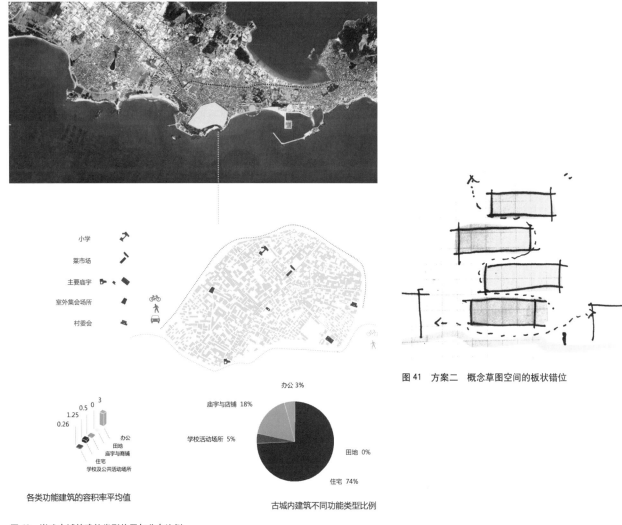

图41 方案二 概念草图空间的板状错位

各类功能建筑的容积率平均值

古城内建筑不同功能类型比例

图40 崇武古城的建筑类型位置与分布比例

然后根据观景最佳朝向，对方案二中的板状体块进行切割，暗示城外三个风景区的方位，底层拆除围墙，通过阶梯坡道打破两侧高差，制造空间流通（图42）。三种类型空间中，形成六种体块围合关系（图43）的组合操作平面布置——在每层平面布置"点""面""线"进行体块"减法"操作，布置依据为崇武古城中五条主要街巷建筑的肌理提取，抽象到每层平面中（图44），最后形成如下空间构成关系：第一层体块为三"面"、一"点"组合；第二层体块为一"点"、一"面"、一"线"组合；第三层体块为两"面"组合；第四层体块为"线"构成（图45）。在平面的叠加中，第一个体块由于存在多个"面"，因此户外围合的空间较多；第二个体块由于存在"线""面"组合，因此空间存在双重网络体系；第三个体块则形成空间均质，产生两个独立体块；第四个体块仅有"线"构成，空间具有连续性并强调建筑其中一个轴线（图46，图47）。

图42　方案二　巨大的尺度差异策略：通过释放几个楼层空间，形成半室外活动场所，保证区域通风与采光

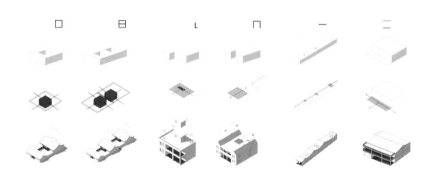

图43　闽南传统建筑的六种体块类型及其具有的空间偏向性

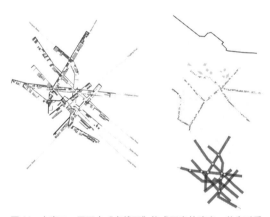

图44　方案二　平面中"点线面"构成要素的确定：首先对季度五条主要街道进行拼贴组合，提炼出重叠的节点碎片

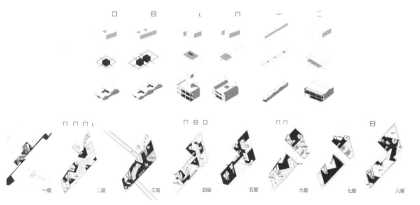

图45　方案二　平面中"点线面"构成要素的确定：最后将确定的体块形态带入平面中

　　该论文运用空间形态学的基本方法展开对闽南传统民居空间组织特征的认知研究，作者着重于空间的气候调节机理，展现了诠释闽南传统民居地域特征的新视角。作者从中梳理总结出"院落—街巷""天井—通廊"和"外廊—通廊"三种典型的空间组织类型，继而结合设计实践探讨了上述平面格局的立体化转换策略，从而较好地回应了"历史作为一种设计资源"的论文竞赛主题。作者的研究根植于对闽南传统民居的深度调研，娴熟运用空间分析的图解方法，并使之成为从认知转向设计探寻的主要操作媒介，表现出作者在理论思考与设计实践的往复交织中驾驭设计研究的良好素养与能力。

　　略显不足的是，论文对影响闽南传统民居空间组织架构的成因分析不够完整，从而难以判断气候调节功能在空间组织影响因子中的权重。换言之，与其他影响因子相比，这种空间调节是先发性的干预，还是后发性的调适策略？此外，就文中所述的从"平面"到"立体"的转译方法，其关键性难点何在，又如何应对？此一疑惑尚可继续探讨。这倒也说明该文提出的议题对地方传统在当代的传承与创新的确具有积极的探索价值。

韩冬青

（东南大学建筑学院，院长，博导，教授）

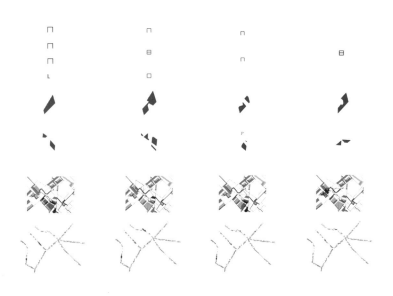

图 46　方案二　平面中"点线面"构成要素的确定：将形成的碎片拼贴为体块形态，提取其中的建筑类型

图 47　方案二　总平面图体块之间的关系

考虑到尺度与周边建筑存在巨大差异，建筑体块垂直方向上除了板式错位，还结合"面""线"进行体块减法，形成局部上空，消解尺度差造成的压抑感。由于中间三个体块都有"面"的构成，叠加后在纵向产生空间透明（图48），一方面丰富纵向视野，另一方面与原有的街巷空间形成微气候调节（图49，图50）。

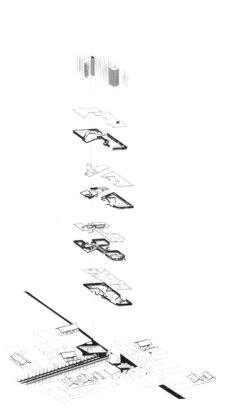

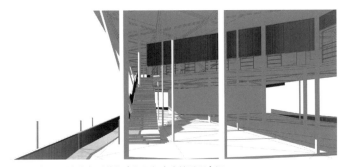

图 49　方案二　"点"与"线"空间叠加产生的透明空间

图 48　方案二　每层体块之间的叠加产生的透明空间

图 50　方案二　"点"与"面"空间叠加产生的透明空间

整个建筑的结构系统为三角形桁架拼接组装，该建筑地处古城中心路口，三角形三个方向分别与交会的街道呼应，通过每个层的"线""面"强调场地区域性（图51~图53）。在场地高差的处理中，将原有0.9m处的农贸市场，改为朝街区降坡的阶梯空间，同时向1.2m社区起坡，连接两边社区，一层平面局部下沉，减少农贸市场腥味延伸，并与街道形成视觉高差保证半封闭性（图54~图56）。

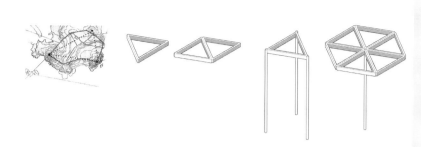

图51　方案二　三角形杆件与古城外的三个风景区

图52　方案二　夜间效果　　　　图53　方案二　剖面板状结构空间关系

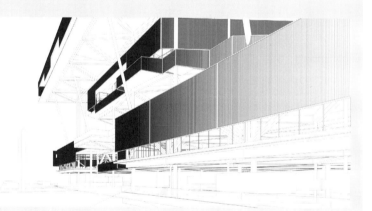

图54　方案二　由北到南的街区示意

图55　方案二　东南转角处的街区示意

作者心得

　　论文是8年建筑学习与研究的心路历程。从论文选题伊始，便希望能够扎根于故土，将所学知识运用到故乡传统建筑中并以此为切入点进行系统思辨与转译。在此过程中，经历过挫折与自我质疑，幸好导师孔宇航教授对我不断地解惑与引导，使我在建筑学习之路上充满信心，让我在论文完成过程中得以攻克难关。十一工作室的胡一可、辛善超、张真真等师兄、师姐们的经验和知识分享，对论文完成起到了重要的作用，在此表示诚挚的谢意。

　　论文研究从三个层面展开。首先是当代语境下地域性建筑的再思考。亚历山大·楚尼斯和利亚·勒费夫尔提出批判的地域主义建筑特点具有双重批判性，肯尼斯·弗兰姆普敦认为批判的地域主义并非排斥现代主义建筑中进步和解放的因子，而更强调场所对建筑的关联作用以及对建构要素的分析与运用。其次，是关于"形式与气候"的关联性解读，传统建筑空间是文化传承、社会习俗与地理环境等因素相互作用的结果。阿尔多·罗西认为尽管很多影响要素随时代发展而不断变化，但地域性的自然气候条件却相对恒定。建筑对气候的回应主要通过空间来体现。再次，研究核心以空间研究为线索，对闽南传统建筑的空间构成进行探究，通过案例解析与设计论证进行转译；立足当代时空，探讨以"空间"为主线的地域性建筑设计方法。

　　伯纳德·屈米在《建筑与断裂》中提出的空间具有相对独立性，并存在构成逻辑体系，即构件所构成盒子间的空间组合状态，暗示空间存在相互转换的可能性。布鲁诺·赛维在《建筑空间论》中进一步指出"空"是"主角"，强调空间构成的状态。在论文写作过程中尽量避免风格、建构等相关要素的影响，力求借助空间图解对当代闽南建筑进行重新诠释。论文研究提取闽南传统民居平面布局中关于界面、序列的构成逻辑。从民居三维空间中提取"面""线""点"三种要素并进行归纳与分析。在写作过程中，通过预先设定、实地测量与案例分析对地域性建筑设计方法进行可行性论证，从而为其复杂性空间构成机制展开深层解读。

陈心怡

图56　方案二　西面的街区示意

五、结语

本文旨在通过对地域建筑的空间认识，在避免材料、风格以及细部局限的前提下，重新解读闽南传统民居空间，以抽象几何的方式运用到现代闽南建筑空间设计中。在对闽南传统民居形成三种类型空间的分类归纳中，提取界面、序列的构成逻辑以及抽象为类"面""线""点"构成，结合场地肌理特征进行空间组合，强调地域性。在整个研究过程中，通过预先设定、实地测量与案例分析对地域性建筑设计方法进行可行性论证，从而为其复杂性空间构成机制展开深层解读。

注释：

[1] 类"结构"组合是对屈米在《建筑与断裂》(*Architecture and Disjunction*) 一书中认为空间具有相对独立性，并存在一套自有的逻辑体系的一种理解：通过构件所构成的盒体与盒体之间在空间中组合、裂变、穿插、衍生所形成的空间形态，是一个相对封闭，相对完整界面的空间，这个空间内部也包容着一种空间组织上的逻辑关系，通过与其他空间的富有逻辑关系的组合交织而产生不同的空间类型和组织方式。

[2] 埕空间为主体建筑前面的空地，其面积等于与大厝一进的面积，可达三进式大厝整体建筑面积的三分之一。数据测量来源于：赵亮，陈晓向. 埕与骑楼——闽南传统建筑外部空间演变 [J]. 福建建筑，2010 (03)。

[3] 均质空间是对密斯以范斯沃斯住宅为代表的空间提出的通俗说法，西格弗里德·吉迪恩对其描述为"单一的流动空间"，柯林·罗形容为"三明治式的空间"，原口秀昭称其为"水平板式空间"。

[4] 闽南地区迁徙型生活方式总结：早晨，二层房间逐渐因为持续受到日照辐射升温而变得不适合使用，二层外廊则可利用充足阳光进行晾晒活动；而一层通廊、房间因为遮挡形成较高的舒适度，空间功能通常为客厅、餐厅、厨房，符合白天起居情况，在一楼通廊进行编织，处理海产品等需要采光又需避免直射的活动；夜晚，二层外廊因为高度、通风环境优于一层通廊，室内空气交换量较大，湿度较低，因此舒适性高于一层空间，正好是人进入卧床睡眠的时段；此外，夏夜通风强度较小时，二层外廊能够放置凉床供人在室外纳凉休息，同时可避免突然降雨等情况。

[5] 顾大庆. 建筑形式生成的方法学，东南大学学报，1990 年 9 月

[6] (挪威) 诺伯格·舒尔兹. 存在·空间·建筑 [M]. 尹培桐译. 北京：中国建筑工业出版社，1990。

[7] (英) 威廉·J·R·柯蒂斯.20 世纪世界建筑史 [M]. 本书翻译委员会译. 北京：中国建筑工业出版社，2011；492–498。

[8] (英) 威廉·J·R·柯蒂斯.20 世纪世界建筑史 [M]. 本书翻译委员会译. 北京：中国建筑工业出版社，2011；29。

[9] (日) 原口秀昭. 路易斯·I·康的空间构成 [M]. 徐苏宁，吕飞译. 北京：中国建筑工业出版社，1998；28。

参考文献：

[1] 肖毅强，刘穗杰. 岭南传统建筑气候空间的尺度研究 [J]. 动感：生态城市与绿色建筑，2015。

[2] 顾大庆. 建筑形式生成的方法学 [J]. 东南大学学报，1990 (9)。

[3] 陈晓扬. 泉州手巾寮民居夏季热环境实测分析 [J]. 建筑学报，2010。

[4] 顾大庆. 从平面图解到建筑空间——兼论"透明性"建筑空间的体验 [J]. 世界建筑导报，2013。

[5] Elke Mertens. Bioclimate and city planing–open space planing[J]. Atmospheric Environment，1999。

[6] 麦克哈格. 设计结合自然 [M]. 苗经纬译. 北京：中国建筑工业出版社，1992。

[7] 彼得·柯林斯. 现代建筑设计思想的演变 [M]. 英若聪译. 北京：中国建筑工业出版社，2003。

[8] 亚历山大·楚尼斯，利亚纳·勒费夫尔. 批判性地域主义——全球化世界中的建筑及其特性 [M]. 王丙辰、汤阳译. 北京：中国建筑工业出版社，2007。

[9] 肯尼思·弗兰姆普敦. 现代建筑：一部批判的历史 [M]. 张钦楠译. 三联书店，2004。

[10] 肯尼思·弗兰姆普敦. 建构文化研究——论 19 世纪和 20 世纪建筑中的建造诗学 [M]. 王骏阳译. 北京：中国建筑工业出版社，2007。

[11] 勒·柯布西耶. 走向新建筑 [M]. 陈志华译. 陕西师范大学出版社，2004。

[12] 布鲁诺·赛维. 建筑空间论 [M]. 北京：中国建筑工业出版社，2006。

[13] 高鉁明. 福建民居 [M]. 北京：中国建筑工业出版社，1987。

[14] 陆元鼎. 中国民居建筑 [M]. 广东：华南理工大学出版社，2003。

[15] 陆琦. 广东民居 [M]. 北京：中国建筑工业出版社，1990。

[16] 戴志坚. 闽台民居建筑的渊源与形态 [M]. 福建：福建人民出版社，2003。

[17] 林宪德. 人居热环境 [M]. 台北：詹氏书局，2009。

[18] 曹春平. 闽南传统建筑 [M]. 厦门：厦门大学出版社，2006。

[19] 黄汉民. 老房子 (福建民居) [M]. 江苏：江苏美术出版社，1996。

[20] 徐金松. 中国闽南厦门音字典 [M]. 南天书局，1982。

[21] 原口秀昭. 路易斯·I·康的空间构成 [M]. 徐苏宁，吕飞译. 北京：中国建筑工业出版社，1998。

[22] 柯林·罗.柯林·罗建筑论文集 风格主义与现代建筑 [M].伊东丰雄、松永安光译.彰国社,1981.

[23] 威廉·J·R·柯蒂斯.20 世纪世界建筑史 [M].北京:中国建筑工业出版社,2011.

[24] 顾大庆,柏廷卫.空间、建构与设计 [M].北京:中国建筑工业出版社,2011.

[25] 诺伯格·舒尔兹.存在·空间·建筑 [M].尹培桐译.北京:中国建筑工业出版社,1990.

[26] 约翰·D·霍格.伊斯兰建筑 [M].杨昌鸣等译,刘壮羽中校.北京:中国建筑工业出版社,1999.

[27] W·博奥席耶,勒·柯布西耶全集 (第 6 卷.1952—1957 年) [M].牛燕芳,程超译.北京:中国建筑工业出版社,2005.

[28] 柯林·罗.透明性 [M].金秋野,王又佳译.北京:中国建筑工业出版社,2008.

[29] Louis I. Kahn, Robert Twombly. Louis Kahn:Essential Texts[M]. W. W. Norton & Company, 2003.

[30] 傅晶.泉州手巾寮式民居初探 [D].华侨大学,2000.

[31] 杨思声.近代泉州外廊式民居初探 [D].华侨大学,2002.

[32] 朱怿.泉州传统民居基本类型的空间分析及其类设计研究 [D].华侨大学,2001.

[33] 杨江峰.泉州传统民居灰空间研究 [D].哈尔滨工业大学,2009.

图片来源:

图 1:漳州规划局;作者自摄照片

图 2:作者参考整理:何苗.闽南砖木结构官式大厝热环境与节能措施分析——以厦门市新垵村新垵社为例 [J].厦门理工学院学报,2015 (06);陈晓扬.泉州手巾寮民居夏季热环境实测分析 [J],建筑学报,2010;薛佳薇.泉州洋楼民居的夏季热环境测试与分析 [J],华侨大学学报(自然科学版),2012 (03).

图 3:作者参考绘制:林宪德.人居热环境 [M].台北:詹氏书局,2009,61.

图 5:作者参考整理自绘:曹春平.闽南传统建筑 [M].厦门:厦门大学出版社,2006;傅晶.泉州手巾寮式民居初探 [D].华侨大学,2000;杨思声.近代泉州外廊式民居初探 [D].华侨大学,2002;朱怿.泉州传统民居基本类型的空间分析及其类设计研究 [D].华侨大学,2001;杨江峰.泉州传统民居灰空间研究 [D].哈尔滨工业大学,2009.

图 6:同图 2。

图 7:作者参考数据尺寸资料绘制:曹春平.闽南传统建筑 [M].厦门:厦门大学出版社,2006.

图 17:http:∥www.flickr.com/photos/lucynieto/2609829797/;

http:∥blog.mexicodestinos.com/2015/02/7-lugares-romanticos-en-mexico-para-vivir-el-amor/.

图 20:作者分析自绘,平、立、剖面尺寸参考出处:Luis Barragan, Barragan:The Complete Works[M], New York:Princeton Architectural Press, 1996.

图 25:作者分析自绘,右图出自:(美) 约翰·D·霍格.伊斯兰建筑 [M].杨昌鸣等译,刘壮羽中校.北京:中国建筑工业出版社,1999.

图 27:www.akhn.org/architecture/project.asp?id=563.

图 34:右:(美) 约翰·D·霍格.伊斯兰建筑 [M].杨昌鸣等译,刘壮羽中校.北京:中国建筑工业出版社,1999;左:Louis I. Kahn, Robert Twombly. Louis Kahn:Essential Texts[M].W. W. Norton & Company, 2003.

图 35:作者分析自绘,平、立、剖面尺寸参考出处:Louis I. Kahn, Robert Twombly. Louis Kahn:Essential Texts[M].W. W. Norton & Company, 2003.

图 36:Louis I. Kahn, Robert Twombly.Louis Kahn:Essential Texts[M].W. W. Norton & Company, 2003.

图 37:作者分析自绘,平面尺寸参考出处:勒·柯布西耶全集 (第 6 卷·1952—1957) [M].牛燕芳,程超译.北京:中国建筑工业出版社.

图 39:archdaily.com;corbusier.totalarch.com/ahmedabad/mill_owner_association.

其余图均为作者自绘或自摄

张琳惠
（合肥工业大学建筑与艺术学院　本科三等级）

"虽千变与万化，委一顺以贯之" [1]

——拓扑变形作为历史原型 [2] 创造性转化的一种方法

"While Thousands and Thousands Transforms Going on the Spirit will Last Forever": Analysis of the Topological Transformation of Historical Archetype

■摘要：本文以探究建筑设计中历史原型的创造性转化为目标，尝试以拓扑变形法解读当代设计与历史原型的关联。研究从一般拓扑转化方法中的同形、同胚和非同胚三类变化入手，探究了其与建筑设计中的历史原型布局、空间、形式、构造和材料等方面创造性转化的关联；最后结合设计对拓扑变形法做了运用尝试。

■关键词：拓扑　形变　历史　原型　转化

Abstract：In this paper，we focus on how to recreate the historical archetype to new forms．First，we introduce the topological transformation into architecture designing field，and then we find out the regular of the recreations which is based on topological method，and summarize the transforms as three types．Then we analysis the designing cases from different aspects，such as environment，space，form，structure，material，etc．Finally We connect theories to practice，and make a summary．

Key words：Topology；Shape Change；History；Archetype；Transform

> 建筑必须源于它们的历史渊源，
> 就好比一棵树，必须源于它们的土壤。
> ——贝聿铭 [3]

一、引言

如果说历史是建筑之树的土壤，那么如何将历史转化为建筑，如何在建筑设计过程中利用历史，是当代建筑师需探索的问题。建筑的"历史原型"作为当代建筑存在的背景和设计出发点，是重要的设计资源；对其进行符合当下生活情境的转化，是建筑设计的重要内容。

不同的转化方式蕴含着对历史原型的不同理解，也体现出不同的转化表达。当代设计中既有对历史原型形式的具象引用[4]，也有对历史原型观念的抽象表达[5]。不过，大量的设计操作主要体现为对历史原型的几何变形。传统的变形方法主要基于欧式几何对空间形式的尺度、比例和形状的讨论[6]。而拓扑学作为一门近代发展起来的数学几何学分支，它所研究的形式和空间变形不只包含长短、大小、形状和体积等度量性质和数量关系，也关注图形变化过程中保持不变的特性。对于建筑的历史原型的转化，拓扑变形法为其提供了新的思路：基于建筑的历史原型的拓扑形变，或许既可以延续场所、文化等不变的特质，又能够回应当下发生变化的生活情境的需求。

二、拓扑变形法

作为一门数学分支，拓扑学研究领域非常广泛。拓扑学所究的形式变化方式，与设计手法密切相关的主要有以下三种，即：同形拓扑、同胚拓扑和非同胚拓扑。它们大致涵盖设计中对历史原型转化的各种层次。如果将这些拓扑变形移植到设计中来，那么同形拓扑可以认为是没有改变形状特性的变形；同胚拓扑可以认为是改变了形状的特性，但未发生撕裂和粘连，未改变其其他性质的变形；而非同胚拓扑可以认为是改变了形状的特性，发生了撕裂和粘连，但未改变其他性质的变形。从同形拓扑到非同胚拓扑，对原型的抽象程度越来越高，还原度越来越低（图1）。

类型	变化图例	变化说明
同形拓扑	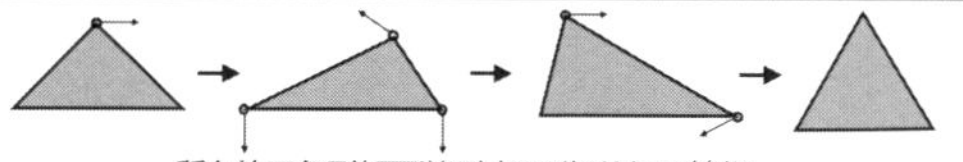 所有的三角形都可以通过同形拓扑相互转化	在变化过程中，图形的特性始终未变：所有的图形都由三条线段首尾相接围合而成
同胚拓扑	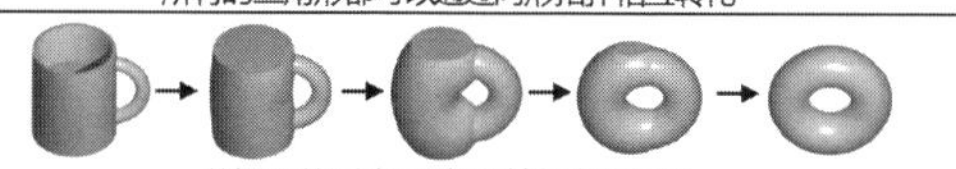 茶杯可以通过同胚拓扑转化为面包圈	在变化过程中，图形始终没有发生撕裂和黏连：图形始终只有一个洞
非同胚拓扑	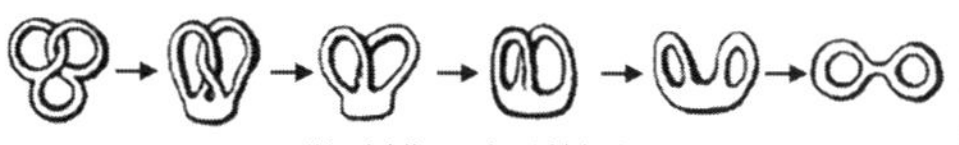 三环可以通过非同胚拓扑转化为两环	在变化过程中，发生了黏连：图形从三个洞变成了两个洞，在同胚拓扑后发生突变

图1 设计中的三种拓扑变形

例如，人类头骨的进化过程中，虽然各个部位的形状有所改变，但由于头骨整体的形状特性没有改变，因此是同形拓扑；桌上圆口水杯中呈圆柱体的水，在轻轻晃动的过程中改变了圆柱形的形状特性，未溅出水滴的情况下，图形未发生撕裂和粘连，因此是同胚拓扑；将两团橡皮泥粘成一朵花的过程发生了粘连，因此是非同胚拓扑。

拓扑变形产生的图形可能是线性的，也有可能是非线性的，相较于欧式几何变形具备更多的可能性，更适应设计建造方式的发展和审美倾向更迭的趋势。

三、建筑设计中历史原型的拓扑变形

同形拓扑、同胚拓扑和非同胚拓扑等变形方法映射在建筑设计过程中，必须与总体布局、空间生成、形式塑造、结构与构造构思和材料组织等结合。

（一）山水错变序犹存——布局的拓扑

布局拓扑即继承历史原型总体布局的特征、延续其尺度感和韵律感基础上进行的拓扑变形操作。建筑物的平面布局逻辑决定了建筑物与场地、人的方位和尺度关系。

例如苏州博物馆的布局设计。贝聿铭设计的苏州博物馆延续了苏州园林的总体布局方式。传统苏州园林的水系是整个建筑群的中心，水面附近产生多个景观视点，并延伸出多个内院。虽然苏州博物馆的建筑尺度、比例有变，但总体布局体现更多的是不变：布局的特点没有改变——依旧是以水面为布局的核心；流线的特点也没有改变——依旧是围绕水面而展开。苏州博物馆总体布局的拓扑变形主要体现为尺度和比例的变化，而未对其所选取的历史原型的图形特性做改变，因此可以视为对历史原型的同形拓扑（图2）。

指导老师点评

与学习数学始于原理、学习语言始于模仿不同，学习建筑设计通常始于先例研究。从历史先例中我们学习概念论说、形式操作、工法技艺。在这个意义上，向历史学习是学习建筑设计的关键之一。然而，历史先例所处的环境、材料、需求等与当下设计有着巨大的差异，简单模仿无法回应当代需求。因此，究竟如何学习先例，究竟如何从纷繁复杂的历史先例中推衍出合乎当下生活情境的论说与设计，无疑是艰深且宏大的课题。在这篇论文里，作者展现了她小小的"野心"：从"拓扑变形"的概念出发，发掘当代优秀建筑和历史先例之间继承与创新的关联，并试图结合环境、空间、形式、结构、材料等建筑设计问题，搭建一整套将"历史原型"转换为当代设计的方法体系。

这篇论文在立意构思上的特色有以下两点：其一，对本届竞赛题目"历史作为一种设计资源"的深度理解，作者并未简单将历史先例当作某种形式模仿对象，而是试图通过"拓扑学"发掘历史与现实内在的一致性，进而寻求"历史原型"向当代设计转换中的"顺"与"变"，有创见地解读了"历史作为一种设计资源"这一命题；其二，论文表达出作者对于建筑设计方法的认知和界定，将"拓扑变形"作为一种设计方法，来检视和指导具体的设计操作。作为一名本科三年级同学，之前的设计学习侧重对操作结果和操作过程的表达，而这种对操作背后方法的清晰认识和准确界定，可说已经超越了本科阶段的学习要求。

这篇论文在写作上也有着不少突出的优点：文章的架构分明、逻辑顺畅、内容翔实；表格化图解增强了论说的清晰性；注释引用、图片来源和参考文献编纂扎实规范，体现了作者严谨的研究和写作态度；另外，作者古文功底扎实，通篇文笔流畅，对古诗文的引用恰如其分，使文章大为增色。

总的来说，这篇论文立意新颖、概念论说清晰、方法探讨深入，以"拓扑变形"来解读"历史原型"与当代优秀设计作品的联结令人信服。更为可贵的是，作者尝试将"拓扑变形"法运用于自己的课程设计作业，从而验证了这种方法的效用，将方法论研究与设计操作做了紧密的结合。

曹海婴

（合肥工业大学建筑与艺术学院，讲师）

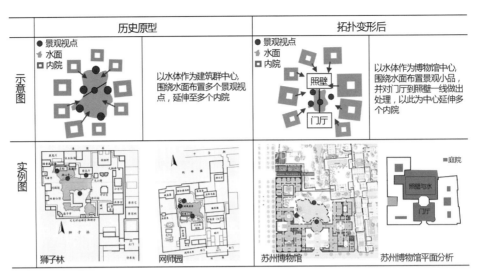

图2 园林布局的拓扑：图形特征未改变，为同形拓扑

（二）无有之用续乡情——空间的拓扑

空间拓扑即在历史原型空间进行拓扑变形，通过对其尺度、比例、形状和组织关系的变形，使之符合当代需求。空间拓扑可以依据拓扑操作的起点分为平面拓扑、剖面拓扑和整体拓扑。

1. 平面拓扑

即主要在水平方向进行拓扑变形操作。如安藤忠雄设计的住吉的长屋是对日本关西传统长屋平面组织的变形和延续。关西传统长屋每户住宅约4m宽，每户连续排列，其内部会出现中庭和过道，并在庭院中设置小景观。住吉的长屋也在中部设置了庭院，并通过添加连廊来活跃室外空间，加强两端室内空间的联系。原型变形后仍然保持着方向性——有长边和短边；以及向心性——内部仍然存在庭院。因此平面的图形特性未改变，可以视为对历史原型的同形拓扑（图3）。

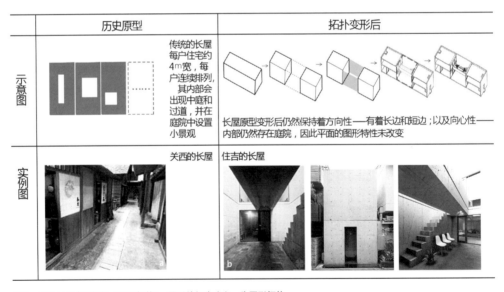

图3 对长屋的空间拓扑（平面拓扑），图形特征为改变，为同形拓扑

再如TAO设计的北京四分院，是对北京四合院的平面的拓扑变形。传统四合院格局强调庭院在空间组织上的核心作用，庭院作为一个公共空间，像客厅一样容纳活动。但这样的庭院在当代却难以满足居住生活的私密性。四分院将原有的庭院空间封顶作为公共客厅，并对原有实体空间位置进行移动，产生4个私密庭院，更加强调单身公寓每户的生活质量。在过程中，历史原型的图形特性由向心性改变为离心性，因此不是同形拓扑，而可以视为同胚拓扑（图4）。

2. 剖面拓扑

即主要在垂直方向进行拓扑变形操作。例如隈研吾设计的浅草文化观光中心，因传统塔建筑有向上发展的动线，建筑师通过继承传统的塔建筑空间的垂直方向秩序，并对原型坡屋顶的形状进行推拉，增加了建筑物的空间层次。变形过程维持了每一层空间原有的空间形状特性，因此可以视为对历史原形的同形拓扑（图5）。

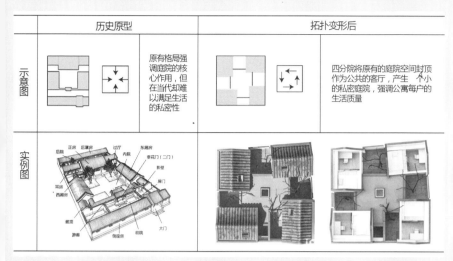

	历史原型		拓扑变形后	
示意图		原有格局强调庭院的核心作用，但在当代却难以满足生活的私密性		四分院将原有的庭院空间封顶作为公共的客厅，产生一个小的私密庭院，强调公寓每户的生活质量
实例图				

图 4　对四合院的空间拓扑（平面拓扑），图形特征改变，为同胚拓扑

	历史原型		拓扑变形后
示意图		传统的塔建筑空间具有纵向秩序和坡屋顶的形状	
实例图	北寺塔　法隆寺五重塔		浅草文化中心效果图　浅草文化中心剖面图

图 5　对塔的拓扑（剖面拓扑），图形特征未改变，为同形拓扑

3. 整体拓扑

指在水平和垂直方向上都有明显的拓扑变形操作。例如华黎设计的水边会所方案。对比之下，密斯·凡·德·罗的范斯沃斯住宅具有四面通透、打破室内外界限的特性，因此水边会所的建筑师为了使得建筑以一种通透的状态参与场地，以范斯沃斯住宅为原型进行拉长、环绕和黏合，不仅仅继承通透的空间效果，还与场地通过高差进行互动。转化过程发生了两端的粘连，形成了完全不同的拓扑关系，因此可视为非同胚拓扑（图6）。

	历史原型	拓扑变形后
示意图	范斯沃斯住宅	概念原型　拉长　环绕　粘合　生成形态
实例图	范斯沃斯住宅	水边会所

图 6　对范斯沃斯住宅的拓扑（整体拓扑），发生粘合，为非同胚拓扑

竞赛评委点评（以姓氏笔画为序）

建筑设计是以形体表达空间存在的一种技能。设计的原创和空间生成的逻辑表达构成了建筑学最本质的命题，对空间生成的原型探究也就成为建筑学这一命题的关键。作者以探究建筑设计中空间造型的创造机制为目标，以历史原型的创造性转化为切入点，尝试以拓扑变形法解读当代设计与历史原型的关联，论文的选题有新意。

文章中表达出来的两个观点：一是认为作为当代建筑存在的背景和设计出发点，建筑的空间造型应当有"历史原型"；二是这种由"历史原型"向现代空间语汇转变的过程中是有某些机制和内在规律可循的。其论点对探究建筑设计的原创问题和今天我们提倡设计的原创性，具有一定的启发意义。

作者借鉴了拓扑学的研究成果，将拓扑变形的原理移植到建筑设计中历史原型转变的探究中，将一般拓扑转化方法与建筑设计中的历史原型布局、空间、形式、构造和材料等方面的转化相关加以论述，并结合自身的设计对拓扑变形法做了运用尝试，结论和以此进行的设计实践成果具有一定的借鉴意义。

作者将诸多设计作品都以"拓扑变形"来进行解读，尽管有调研、有分析，层析分明，论述逻辑，并以实践印证，但仍有些"抓其一点不及其余"的武断的感觉。但就作者的洞察力和逻辑清晰的论述，这仍是一篇优秀的论文。

庄惟敏

（清华大学建筑学院，院长，博导，教授）

以上三种不同起点的空间拓扑方式，涵盖了设计拓扑变形中的同形、同胚和非同胚拓扑三类。因此拓扑变形法在空间原型的转化中有很大的发挥空间。

（三）虚实叠运不终穷——形式的拓扑

形式拓扑即在选择性地继承形式原型的功能优势和美学特征基础上，对建筑形式的变形操作。

例如坎波　巴埃萨的一座浴室设计中的顶部开洞的形式。其历史原型为阿拉伯古浴室，通过在浴室顶部开点窗，突出了光作为光束的特殊质感。巴埃萨通过拓扑古浴室的顶部形式，应用丁达尔效应生成了独具一格的"光线浮动的空间"。在变化前后，顶部点窗的形状特性没有改变，空间的质感也未改变，是对历史原型的同形拓扑（图7）。

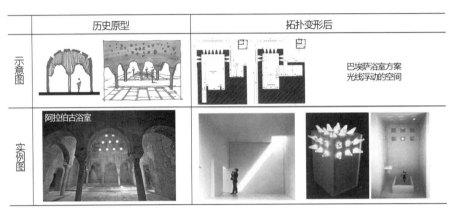

图7　浴室顶部点窗的拓扑，图形特征未改变，为同形拓扑

刘家琨的鹿野苑石刻艺术博物馆中对凸室的设计也是形式的拓扑。传统江南园林中常用采光凸室的做法，光线并非直接进入室内，而是通过墙面的反射之后以均匀的方式进入室内，并在采光口下方布置竹和水等景观小品。由于在转化过程中未改变凸室这一形式的围合关系，因此可以视为对历史原型的同形拓扑（图8）。

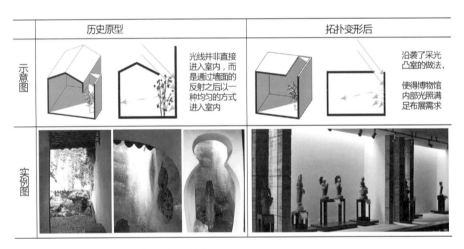

图8　凸室的拓扑，图形特征未改变，为同形拓扑

除此之外，苏州博物馆和绩溪博物馆对传统园林中假山意象也是对形式的拓扑变形操作。传统园林中的假山是由人工叠石而成供观赏的小山。"峨嵋咫尺无人去，却向僧窗看假山。[7]"通过模仿山的形态，假山达到了将山川置于一窗之中的艺术效果。在李兴刚的绩溪博物馆中，将假山转化为欧式几何体的形式；苏州博物馆则将假山转化为更为抽象的山水起伏形式。在转化过程中，即使新生成的形态不同，但都是对山的形态的模仿，且未发生撕裂和粘连，所以二者都可以视为对假山这种历史原型的同胚拓扑（图9）。

再如贝聿铭对苏州博物馆屋顶的折叠处理。老虎窗是一种天窗的演变形式，是从斜屋面上凸出来的窗，通过多次反射，避免直射光的射入。博物馆中屋顶的设计继承并转化原有形式来调节室内的采光：通过斜面与垂直面的结合，产生了多层次的窗的手法维持不变。转化过程中，每个老虎窗单元的生成都是同胚拓扑（图10）。

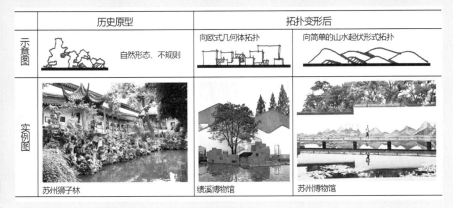

图9 假山的拓扑，图形特征改变，未撕裂黏连，为同胚拓扑

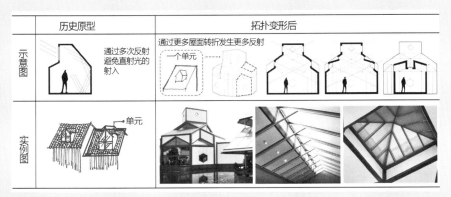

图10 老虎窗的拓扑，图形特征改变，未撕裂黏连，为同胚拓扑

哲学家荣格认为，"原型"是柏拉图哲学中的形式，经过族群文化"改造"之后，成为源自于集体潜意识转移的意识层面的内容。在建筑领域，经历现代建筑"形式服从功能"的思潮之后，人们将"历史作为一种设计资源"，试图重新寻找设计的依据。恰如罗西所认为的，一切建筑都来自于前人创立的有限几种形式，而这些形式已进入人们的集体记忆之中。建筑师的任务就是寻找人们集体记忆中的原型形式，在这种原型中挖掘永恒的价值。本文作者在寻找中国建筑"原型"的探索中引入拓扑学的方法，试图认识建筑形态的深层结构，从而理解建筑形态衍生的逻辑性，使建筑设计过程具有可操作性和可描述性。显然，拓扑引入建筑学领域正在导致建筑学研究范式变革。从这个意义上来看，本文选题具有一定的创新性；且其主题深合本次竞赛的题意，是一篇极为优秀的论文。

刘克成

（西安建筑科技大学建筑学院，
博导，教授）

大量新地域主义建筑[8]都会采用模仿历史原型的形式的处理手法，虽然保持了一定的特性不变，但形体会发生复杂的变化，如万科第五园等。因此可以视为对历史形式原型的非同胚拓扑。综上，形式拓扑也可以涵盖设计拓扑的同形、同胚和非同胚三个层次。

（四）飞檐榫卯挠不移——结构与构造的拓扑

即对有历史原型的受力结构和构造做法的延续和变形。安藤忠雄的日本光明寺、王澍的水岸山居和何镜堂的上海世博会中国馆，都对传统建筑的屋架进行了拓扑，但即使是同一构造，不同建筑师的理解不同，过程中继承的性质不同，最终建造的形态也不同。

安藤忠雄提取出的原型特点为纵横交错，因此光明寺突出了纵横向的穿插关系和水平的延伸；王澍提取出的特点为迂回转折，因此水岸山居突出了蜿蜒曲折的形态；而何镜堂读出的是向上的动势，因此中国馆为向上托举的造型（图11）。

在传统建筑中，斗主要承担的是承接的作用，栱主要承担的是出挑的作用。在光明寺中，用交点和沿进深方向探出的木条来概括；在传统建筑的屋架中，角科斗栱位于四角，剩余位置为平身科斗栱，建筑师同样以木条的不同交错方式对这两种构造原型进行了拓扑转化（图12）。

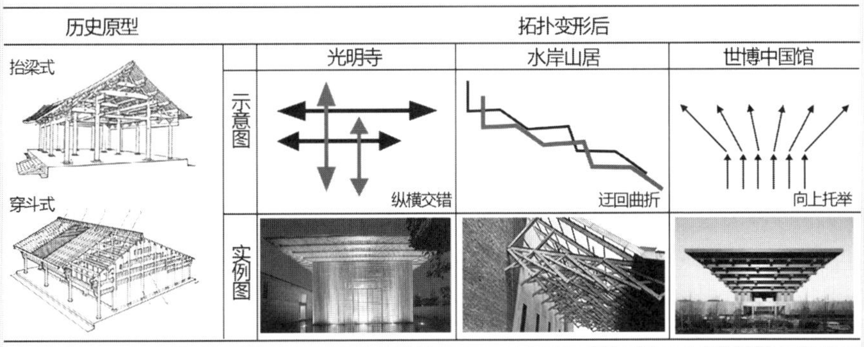

图11 屋架的拓扑

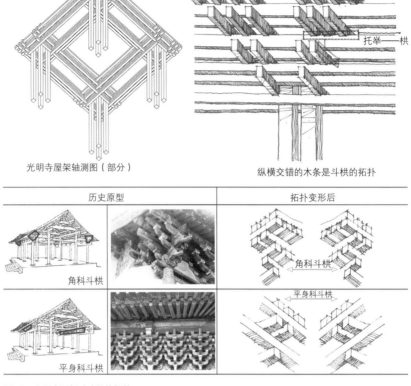

光明寺屋架轴测图（部分）　　　　　　　　　　纵横交错的木条是斗栱的拓扑

历史原型		拓扑变形后
角科斗栱		角科斗栱
平身科斗栱		平身科斗栱

图12　光明寺屋架对斗栱的拓扑

但在以上案例所述过程中，历史原型的形状特性已经发生变化，因此不能说是同形拓扑。实际上，在结构与构造拓扑过程中，除了完全沿用历史结构与构造原型（并沿用原型力学结构）为同形拓扑之外，由于建筑物的结构与构造和力学性质是一脉相承的，都可以找到历史原型，因此当代建筑中的结构和构造都可以视为对历史原型的非同形拓扑。

（五）青瓦白墙深不变——材料的拓扑

即对材料使用的延续和创新，利用人对传统材料的感知拓宽其用法，使得当代建筑具有指向历史的线索感。

比如王澍对瓦的拓扑。瓦片是传统建筑中重要的屋面防水材料。建造中建筑师收集当地居民废弃的瓦片重新利用，除了瓦屋顶外，还产生了瓦片墙、瓦园、瓦片铺装等，改变了由瓦构成的曲面的形状和位置（图13）。

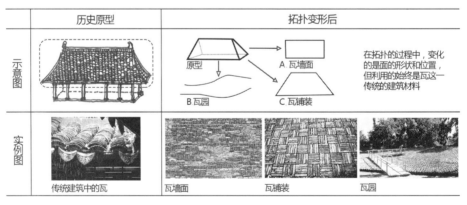

	历史原型	拓扑变形后
示意图		原型　A 瓦墙面　　在拓扑的过程中，变化的是面的形状和位置，但利用的始终是瓦这一传统的建筑材料　　B 瓦园　C 瓦铺装
实例图	传统建筑中的瓦	瓦墙面　瓦铺装　瓦园

图13　王澍对瓦的拓扑

再如朗香教堂中对彩色玻璃窗的拓扑。利用彩色玻璃窗来烘托宗教神秘氛围是教堂建筑一贯的形式，而柯布西耶的朗香教堂彩色玻璃窗改变了原本具象、有高度对称性的彩色玻璃窗的图形特征，通过将彩色玻璃部分打散和揉碎，生成混沌、抽象的朗香教堂立面，在现代建筑中继承了传统的宗教氛围（图14）。

当瓦和彩色玻璃窗这一类视觉符号出现在人的视野中时，其所携带的信息会使人与历史原型产生联想，但却与现代建造手段密切结合。在转化中，利用的是传统的建筑材料，这即为拓扑中保持不变的性质。而因为材料拓扑难以界定其形状特性发生改变的程度，所以难以将其归入设计中的同形、同胚和非同胚三类拓扑手法之中。

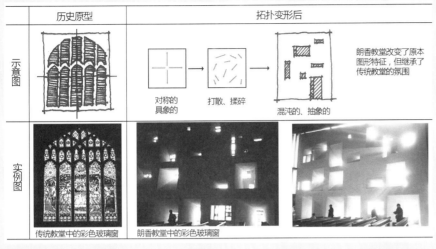

历史原型	拓扑变形后	
示意图	对称的 具象的 → 打散、揉碎 → 混沌的、抽象的	朗香教堂改变了原本图形特征,但继承了传统教堂的氛围
实例图	传统教堂中的彩色玻璃窗　朗香教堂中的彩色玻璃窗	

图14　彩色玻璃窗的拓扑

(六) 小结

正如王澍所说:"保护传统,传统还是会消亡;更重要的是,在保护传统的同时,能让传统有生气地活着。[9]" 通过以上案例分析和对比,可以发现通过某种拓扑变形,建筑传统和历史原型得到延续和发展,拓扑变形成为让传统"有生气地活着"的一种方法。通过对这一变形法的归纳,大致得到拓扑变形与设计操作的关联(图15)。

	同形拓扑	同胚拓扑	非同胚拓扑
布局的拓扑	苏州博物馆平面布局	由于布局拓扑过程中保持圆形平面的图形特性不发生变化,因此布局拓扑都可以归入设计中的同形拓扑	
空间的拓扑	住吉的长屋　浅草文化中心	TAO设计的四分院	折叠的范斯沃斯
形式的拓扑	巴埃萨浴室　鹿野苑博物馆	苏州博物馆天窗　绩溪、苏州博物馆照壁	绝大多数新地域主义建筑
结构与构造的拓扑	完全沿用历史原型的形式和其原有的力学结构	上海世博会中国馆　日本光明寺　水岸山居　除了沿用历史原型外,当代建筑中的其他建筑构造都可以找到其力学上的历史原型,因此都可以算作是非同形拓扑	
材料的拓扑	朗香教堂　王澍对瓦的应用　因为材料拓扑难以界定其形状特性发生改变的程度,所以难以将其归入设计中的同形、同胚和非同胚三类拓扑手法之中。		

图15　拓扑变形与设计操作的关联

建筑学科在近20年间出现了明显的学术专业细分倾向,同时呈现出跨学科综合研究趋势。论文《"虽千变与万化,委一顺以贯之"——拓扑变形作为历史原型创造性转化的一种方法》通过引入拓扑变形法,研究历史上遗留下来的有代表性的优秀建筑实例,探究建筑设计中历史原型的转化与关联,选题新颖,兼具理论价值和实践意义,具有建筑类型学研究的贡献,加深并拓展了空间研究的深度和广度。分形理论,是近年来建筑规划设计方向的热点技术之一,形式分形的特征有助于描述事物的相似性和复杂性,广泛应用在城市空间结构、交通网络、城市平面形态与城市群结构体系等研究方面。建筑领域通过空间分形维度的区分,可以从形式的关联性中发掘历史建筑的设计资源,所谓"以古为镜,可以知兴替"。建筑是城市文化的丰碑,历史上的优秀建筑作品其广泛融合了社会性、艺术性、技术性、逻辑性和创造性,是深刻反映时代信息的理性活动。相信这篇论文对作者而言,是一个开始,在不远的将来将去开启更加广阔和蔚蓝的学术天空。

李振宇

(同济大学建筑与城市规划学院,
院长,博导,教授)

四、基于拓扑变形法的设计探索 [10]

通过对拓扑变形法转化历史原型的案例研究，可以归纳出作为设计操作方法的拓扑变形法。因此，在大三上学期为期四周的"社区文化设施"短周期课程设计中，笔者尝试运用了拓扑变形法，以期更好地理解和运用作为设计资源的历史原型，并检验和改进方法的可行性。

（一）选取历史原型

设计选址位于河北省唐山市与秦皇岛市交界的滦河上。一方面,40年前的"唐山大地震"使得整个区域的面貌表现为某种"断裂"，在城市空间中体现为一种传统公共空间缺失的"失忆"状态，因此新设计应当关注如何填补这种缺失；另一方面，城市缺少居民交往空间，怎样促进交流也成为亟待解决的问题。

因此，如果找到适当的历史原型进行拓扑，促进区域交流，则可以解决这两个问题，赋予城市新的活力。传统的"风雨桥"不仅仅可以满足交通的需求，也是重要的交往场所，因此选取风雨桥作为历史原型进行拓扑变形。

（二）对历史原型的拓扑变形

在设计的过程中，笔者运用了空间的拓扑和形式的拓扑，选择历史原型的对应部分进行转化。

1. 交往空间重生

在传统的风雨桥建筑中，桥的平面被人的行为划分为两种功能区：交通联结区与休息闲聊区。在交通空间的两侧产生了交流空间。根据扬·盖尔理论[11]，面向周围活动的休息区域使用频率最高，因此休息闲聊区非常活跃。桥上的行人可以选择不进入交流区域，一直沿交通空间走到对岸；也有着选择进入几个闲聊区域之后再到达对岸的可能性。这种平面形式对社区文化设施而言非常适合。

因此我选择上文提到的从平面的拓扑开始进行空间拓扑的方法。由于历史原型的平面空间呈现条带状，因此笔者将纸带进行平面上的重叠穿插后，通过两带的合并与分离，产生了不同的开间和进深，也就产生了更多个层次的公共性和私密性，这样的操作极大地丰富了风雨桥历史原型的空间层次。因为过程中发生了对图形的粘连，因此是对原有空间原型的非同胚拓扑（图16）。

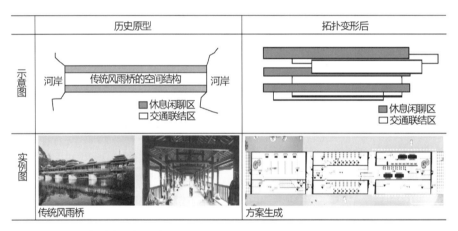

图16　对风雨桥的空间拓扑（非同胚拓扑）

2. "拱"的拓扑变形

为了丰富建筑物的形式和剖面的变化，笔者选择"拱"这一历史原型进行了形式拓扑。拱有时上行，有时下行，就产生了不同标高的空间，也便产生了更为丰富的景观层次。通过把单拱进行翻转、延伸和拉长的拓扑变化，生成了类拱的新形式。在变化过程中拱的形状特性未发生改变，因此是对拱这一原型的同形拓扑（图17）。

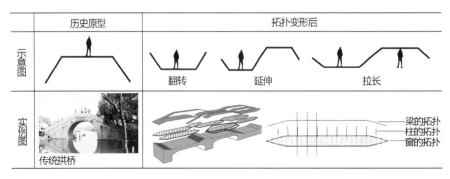

图17　对拱桥的形式拓扑（同形拓扑）

（三）拓扑变形法生成的社区文化设施

方案通过空间拓扑——对传统风雨桥空间的平面非同胚拓扑，使得原有的"三条带"式平面得以丰富；以及形式拓扑——对"拱"这一形式进行的同形拓扑，产生了高差丰富的剖面。因为拱的形式适合于风雨桥的条带形空间，因此两方面的拓扑变形得到协调，整个拓扑过程比较连贯。

因为整个变形过程可以用对条带的阵列和上下浮动来进行连贯的演绎，所以空间拓扑和形式拓扑得到统一。但不论如何形变，建筑物始终秉持着方向性、垂直于流线方向的通透性和连接两岸的功能性，这是源于历史原型——风雨桥的性质，是拓扑变形法中应当保持不变的性质（图18，图19）。

论文以拓扑变形法的研究视角，解读了当代建筑设计与传统建筑原型的关联机制。作者从一般拓扑转化方法中的同形、同胚和非同胚三类变化入手，探究了其与建筑设计中历史原型的布局、空间、形式、构造和材料等方面转化的规律与模式，并将相关研究成果应用于设计实践之中。论文的研究方法具有一定的创新性，论文的研究成果为当代地域建筑的创新发展提供了有益的思路。论文作者作为本科生，能够超越建筑形式的表象进行深度的思索与研究，确实非常难能可贵。

梅洪元

（哈尔滨工业大学建筑学院，院长，博导，教授）

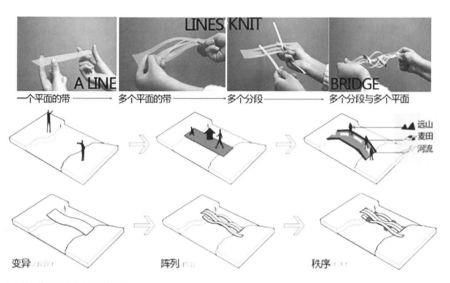

图18 完整的方案拓扑过程图

该论文结合案例研究从布局、空间、形式、构造和材料诸方面，探讨了基于拓扑学原理对历史建筑进行形式转化的设计方法。作为一位本科三年级的学生，作者能够从比较复杂的建筑现象中厘清其中的历史原型及其拓扑变形方法，并能将这种方法认知运用于自己的设计创作之中，这的确展现了十分难得的研究潜力和良好的设计思维能力。

形式拓扑在建筑设计中的运用与建筑类型学理论有着密切的联系。从设计的过程方法上看，对原型的选择判断和此后变形过程的展开是两个最基本也是最关键的环节，而影响这种判断和操作的力量则来自于设计者的价值诉求及其对历史建筑的诠释能力。本文的案例分析如能对此有所涉及，将使本文论题及其研究成果更具说服力。论文尚有两个小小的瑕疵：其一，以拓扑学来应对材料议题显然难以自圆其说；其二，结语中的首段文字似乎多余，反倒干扰了对研究结论的明确表述。

韩冬青

（东南大学建筑学院，院长，博导，教授）

图19 模型照片

方案加强了东西两岸的联系，并为居民创造了丰富的交往空间；且通过拓扑变形法对历史原型进行创造性转化，使得城市的记忆得以重塑，解决了设计之初历史和交流的双重问题。

五、结语

在建筑发展的历史上，不论是柯布西耶追求建筑塑性与情感的探索，或是密斯、路易斯·康那种追求秩序与建构的追求，20世纪现代主义盛期的大师们始终在一条探索的路上——他们基于时代的科学技术和美学思潮，不断地推陈出新，使得建筑学发展一脉相承。在当代语境下，怎样使得建筑具有历史性、地域性和文化性，成为一个值得探讨的问题。

当设计者将历史当中的建筑作为一种设计资源时，可以借用拓扑学的概念，研究一定特性（值得保留的特性）保持不变下，对历史原型的拓扑形变，即"虽千变与万化，委一顺以贯之"。这个过程实际上是对历史原型融会贯通的过程。新的建设不是一味地破坏和剔除，也不是简单地模仿和抄袭，而是要逐渐变为一个以对历史原型的拓扑变形来适应地域及文化特性相互渗透交流的新进程；而拓扑变形中的不变的性质，正是设计中应当去着力追求和控制的切入点，拓扑变形中变化的内容会是设计创新的重要维度。

注释：

[1] 出自白居易《无可奈何歌》："彼造物者，云何不为？此与化者，云何不随。或煦或吹，或盛或衰，虽千变与万化，委一顺以贯之。"

[2] 将历史原型中的"原型"一词译作 archetype，其英文含义为 a number of concepts in psychology, literature, philosophy。该词源自心理学家卡尔·荣格，指神话、宗教、梦境、幻想，文学中不断重复出现的意象，它源自民族记忆和原始经验的集体潜意识；这种意象可以是描述性的细节、剧情模式或角色典型，它能唤起观众或读者潜意识中的原始经验，使其产生深刻、强烈、非理性的情绪反应。本文指建筑中的布局、空间、形式、结构和构造以及材料等可以唤起记忆的载体。

[3] 原文出自贝聿铭美秀美术馆访谈《贝聿铭谈贝聿铭》："我个人认为，现代日本建筑必须源于他们自己的历史根源，就好比是一棵树，必须起源于土壤之中。互传花粉需要时间，直到被本土环境所接受。"

[4] 建筑中对历史原型的具象引用，如我国20世纪五六十年代建设中出现的"大屋顶"建筑现象。

[5] 抽象表达如万科第五园中对江南传统民居白墙黑瓦的现代诠释，以及后文提到的拓扑变形过程。

[6] 1990年 Mitchell William J 所著的《建筑的逻辑》(Mitchell William.The logic of Architecture.Design, Computation and Cognition[M].London.MIT press, 1990.) 一书中，就从欧式几何的角度分析了空间的构成。

[7] 唐代郑谷《七祖院小山》诗曰"yuě"："峨嵋咫尺无人去，却向僧窗看假山。"

[8] 释义源于百度百科，"新地域主义 (Neo-regionalism)，指建筑吸收本地的、民族的或民俗的风格，使现代建筑中体现出地方的特定风格。作为一种富有当代性的创作倾向或流派，它其实是来源于传统的地方主义或乡土主义，是建筑中的一种方言或者说是民间风格。但是新地域主义不等于地方传统建筑的仿古或复旧，新地域主义依然是现代建筑的组成部分，它在功能上与构造上都遵循现代标准和需求，仅仅是在形式上部分吸收传统的东西而已。"

[9] 曹中，缪剑峰，侯玄. 现代建筑的文化传承——安藤忠雄和王澍的作品分析 [J]. 华中建筑，2014 (6)。

[10] 出自笔者大三的社区文化设施设计作业（四周）。

[11] 扬·盖尔在《交往与空间》一书中提出，"能很好观察周围活动的座椅，就比难于看到别人的座椅使用频率更高"的总结。

参考文献：

[1] 安藤忠雄. 安藤忠雄论建筑 [M]. 白林译. 北京：中国建筑工业出版社，2003.

[2] Baeza,Alberto Campo de Baeza Works and Projects[M].Italy. GG press，1999.

[3] 鲍威. 北京四分院的七对建筑矛盾 [J]. 时代建筑，2015 (6)。

[4] 曹中，缪剑峰，侯玄. 现代建筑的文化传承——安藤忠雄和王澍的作品分析 [J]. 华中建筑，2014 (6)。

[5] 华黎. 水边会所——折叠的范斯沃斯 [J]. 城市环境设计，2011 (Z3)。

[6] 刘宾. 拓扑学在当代建筑形态与空间创作中的应用 [D]. 天津：天津大学，2011.

[7] Mitchell William J. The logic of Architecture. Design, Computation and Cognition[M]. London. MIT press, 1990.

[8] 邱枫. 架起传统与现代的桥梁——建筑历史与理论课程体系教学改革的思考 [J]. 宁波大学学报（理工版），2004 (12)。

[9] 汤凤龙. 间隔的秩序与事物的区分 [M]. 北京：中国建筑工业出版社，2012.

[10] 隈研吾. 场所原论——建筑如何与场所契合 [M]. 李晋琦译，刘智校. 武汉：华中科技大学出版社，2014.

[11] 王庭蕙，王明浩. 中国园林的拓扑空间 [J]. 建筑学报，1999 (11)。

[12] 吴坡. 浅谈拓扑学在建筑设计中的应用 [D]. 天津：天津大学，2011.

[13] 扬·盖尔. 交往与空间（第4版）[M]. 何人可译. 北京：中国建筑工业出版社，2002.

[14] 朱光亚. 拓扑同构与中国园林 [J]. 文物世界，1999 (4)。

图片来源：

图1：中图自：吴坡．浅谈拓扑学在建筑设计中的应用 [D]. 天津：天津大学，2011. 下图自：刘宾．拓扑学在当代建筑形态与空间创作中的应用 [D]. 天津：天津大学，2011. 其余为作者自绘

图2：狮子林、苏州博物馆和网师园平面来自百度图片，其余为作者自绘

图3：照片来自百度图片，其余为作者自绘

图4：下栏左图来自百度图片；中、右图自：鲍威．北京四分院的七对建筑矛盾 [J]. 时代建筑，2015 (6). 其余为作者自绘

图5：照片自：限研吾．场所原论——建筑如何与场所契合 [M]. 李晋琦译，刘智校．武汉：华中科技大学出版社，2014. 其余为作者自绘

图6：水边会所照片及效果图自：华黎．水边会所——折叠的范斯沃斯 [J]. 城市环境设计，2011 (Z3). 范斯沃斯住宅照片来自百度图片；其余为作者自绘

图7：巴埃萨方案照片自：Baeza. Alberto Campo de Baeza Works and Projects[M].Italy: GG press，1999. 古浴室照片来自百度图片；其余为作者自绘

图8：作者自摄或自绘

图9：绩溪博物馆照片自：http://www.archreport.com.cn/show-6-3363-1.html. 其余为作者自摄或自绘

图10、图11：作者自摄或自绘

图12：照片来自百度百科；其余为作者自绘

图13：王澍的拓扑做法自：曹中，缪剑峰，侯玄．现代建筑的文化传承——安藤忠雄和王澍的作品分析 [J]. 华中建筑，2014 (6). 其余为作者自摄或自绘

图14~ 图17：照片来自：百度图片；其余为作者自绘

图18、图19：作者自摄或自绘

作者心得

2016年暑假，我抱着试试看的心态参加了本次竞赛。最初觉得本科阶段距离创作一篇论文遥不可及，只是希望将其作为有益的尝试。后来随着文稿多次"脱胎换骨"——从一篇结构零散、思路模糊的课堂作业，逐步"成长"为一篇结构较规范、思路较明确的小论文，自己也在反复探索中感受到了创作的快乐。作为一次颇有收获的经历，本次参赛对我的影响主要有五个方面：

第一，更加善于积累灵感。大二写生时，苏州博物馆对历史原型的再现方法强烈地震撼了我，所以当看到赛题时就产生了将当时想法记录下来的念头。写作初稿时，只是对基本手法的分析，但在深化过程中，因读到朱光亚教授的"拓扑同构与中国园林"一文，便开始思考拓扑学的形变理论与历史原型转化过程的联系，选定了"拓扑变形法"作为主线贯穿全文。构思写作的过程，使我懂得积累是灵感的源泉，因此更重视生活中的观察、思考和求证。

第二，所学知识更加巩固。"学而不思则罔"，在论文的写作过程中，为了清晰地表达观点，自己尝试运用表格、图像和示意图辅助论述。在提炼对比要素的过程中翻看了大量文献，对以往所学进行总结归纳，加速了对知识的"内化"，也加深了对所学的理解。

第三，治学态度更加严谨。以往的课堂作业若以论文作为结束，自己必高兴得"欢呼雀跃"：以为写字比画图容易得多。可当此次我尝试更正了翻译、批注和参考文献编纂的错误，精炼了文字表达，经历了从架构、逻辑到内容的完整构思和创作过程后，才深刻地意识到论文的创作是更加严谨求实、追求真知的学术研究：只有斟酌妥当每句论述，理清所有观点的因果关系，如破案般一步步得出结论，才能真正体验到探寻真知的成就感。

第四，更加善于超越自我。经过大四上半年的学习，现在来回顾这篇论文时感觉仍存在一些问题：比如，分析图画得不够美观，部分图表没有把信息充分反映出来；一些观点有些牵强，等等。这使得我学着用动态发展的眼光看待以往的作品，取长补短，在未来的创作上更进一步。

第五，更加注重沟通合作。参赛不是一个人的战斗：父母的鼓励促使我参与比赛；而曹老师的点拨，更使我收获了宝贵的经验。故借此机会，谢谢和蔼认真的曹老师多次耐心的批改，以及一同奋战的伙伴赛前赛后的帮助和鼓励。

张琳惠

清润奖 TSINGRUN Award

竞赛题目：
热现象
冷思考

主　办：
中国建筑工业出版社　《中国建筑教育》编辑部
北京清润国际建筑设计研究有限公司
全国高等学校建筑学专业指导委员会

承　办：
《中国建筑教育》编辑部
天津大学建筑学院

评审委员会主任：
王建国　仲德崑　沈元勤

本届轮值评审委员（以姓氏笔画为序）：
马树新　王建国　王莉慧　仲德崑　庄惟敏　刘克成　孙一民
李　东　李振宇　张　颀　赵万民　梅洪元　韩冬青

评审委员会秘书：
屠苏南　陈海娇

（扫描二维码，
查看竞赛相关事宜）

◉ 建筑
◉ 评论
◉ 传承
◉ 现代
◉ 乡建
◉ 地域性

ARCH

中国建筑教育
2017
大学生论文竞赛
Students' Paper Competition

出 题 人：赵建波、张颀

竞赛题目：热现象·冷思考 <本、硕、博学生可选>

请根据以下提示文字自行拟定题目：

　　建筑、城市、环境，与生活息息相关，一些项目案例、事件活动、思想探索、新鲜话题、焦点问题，都会因受到广泛关注而放大成为全社会的"热点现象"，并被"热议"解读，这种现象在媒体时代并不鲜见。而基于深入调研的理性解读与专业研究，对于这些热点现象的专业矫正作用尤显可贵。本次竞赛要求学生针对近年来所呈现的某一热点现象或热门话题，在真实调研的基础上，提供专业维度的新思考，阐述具有独立见解与理性分析的研究成果，不作人云亦云，真正实践"独立之精神，自由之思想"。

　　请根据以上内容选定研究对象，深入解析，立言立论；论文题目可自行拟定。

奖　励：
一等奖	2名（本科组1名、硕博组1名）	奖励证书 + 壹万元人民币整
二等奖	6名（本科组3名、硕博组3名）	奖励证书 + 伍仟元人民币整
三等奖	10名（本科组5名、硕博组5名）	奖励证书 + 叁仟元人民币整
优秀奖	若干名	奖励证书
组织奖	3名（奖励组织工作突出的院校）	奖励证书

征稿方式：1. 学院选送：由各建筑院系组织在校本科、硕士、博士生参加竞赛，有博士点的院校需推选论文8份及以上，其他学校需推选4份及以上，于规定时间内提交至主办方，由主办方组织评选。
　　　　　2. 学生自由投稿。

论文要求：1. 参选论文要求未以任何形式发表或者出版过；
　　　　　2. 参选论文字数以5000～10000字左右为宜，本科生取下限，研究生取上限，可以适当增减，最长不宜超过12000字。
　　　　　3. 论文全文引用率不超过10%。

提交内容：1. "论文正文"一份（word格式），需含完整文字与图片排版，详细格式见【竞赛章程】附录2；
　　　　　2. "图片"文件夹一份，单独提取出每张图片的清晰原图（jpg格式）；
　　　　　3. "作者信息"一份（txt格式），内容包括：论文名称、所在年级、学生姓名、指导教师、学校及院系全名；
　　　　　4. "在校证明"一份（jpg格式），为证明作者在校身份的学生证复印件或院系盖章证明。

提交方式：1. 在《中国建筑教育》官网评审系统注册提交（http://archedu.cabp.com.cn/ch/index.aspx）（由学院统一选送的文章亦需学生个人在评审系统单独注册提交）；
　　　　　2. 同时发送相应电子文件至信箱：2822667140@qq.com（邮件主题和附件名均为：参加论文竞赛-学校院系名-年级-学生姓名-论文题目-联系电话）；
　　　　　3. 评审系统提交文件与电子邮件发送内容需保持一致。具体提交步骤请详见【竞赛章程】附录1。

联系方式：010-58337043 陈海娇；010-58337085 柳涛。

截止日期：2017年9月19日（以评审系统和电子邮件均已送达成功为准，编辑部会统一发送确认邮件；为防止评审系统压力，提醒参赛者错开截止日期提交）。

参与资格：全国范围内（含港、澳、台地区）在校的建筑学、城市规划学、风景园林学以及其他相关专业背景的学生（包括本科、硕士和博士生），并欢迎境外院校学生积极参与。

评选办法：本次竞赛将通过预审、复审、终审、奖励四个阶段进行。

颁　奖：在今年的全国高等学校建筑学专业院长及系主任大会上进行，获奖者往返旅费及住宿费由获奖者所在院校负责（如为多人合作完成的，至少提供一代表费用）。

发　表：获奖论文将择优刊发在《中国建筑教育》上，同时将两年为一辑由中国建筑工业出版社结集出版。

其　他：1. 本次竞赛不收取参赛者报名费等任何费用。
　　　　2. 本次大奖赛的参赛者必须为在校的大学本科生、硕士或博士生，如发现不符者，将取消其参赛资格；是否为"在校学生"，以该年度竞赛通知发布时间为准。
　　　　3. 参选论文不得一稿两投。
　　　　4. 论文全文不可涉及任何个人信息、指导老师信息、基金信息或者致谢等内容，论文如需备注基金项目，可在论文出版时另行补充。
　　　　5. 参选论文的著作权归作者本人，但参选论文的出版权归主办方所有，主办方保留一、二、三等奖的所有出版权利，其他论文可修改后转投他刊。
　　　　6. 参选论文不得侵害他人的著作权，要求未以任何形式发表或者出版过，如有发现，一律取消参赛资格。
　　　　7. 论文获奖后，不接受增添、修改参与人。
　　　　8. 每篇参选文章的作者人数不得超过两人，指导老师人数不超过两人，凡作者或指导老师人数超过两人为不符合要求。
　　　　9. 具体的竞赛【评选章程】、论文格式要求及相关事宜：
　　　　　　关注《中国建筑教育》微信平台查看（微信订阅号：《中国建筑教育》）；
　　　　　　请通过《中国建筑教育》官网评审系统下载（http://archedu.cabp.com.cn/ch/index.aspx）；
　　　　　　请通过"专指委"的官方网页下载（http://www.abbs.com.cn/nsbae/）。